U0261958

AI绘画从入门到精通

Midjourney基础＋商业摄影＋创意插画＋电商设计＋GUI设计＋IP设计＋包装设计＋工业设计＋空间设计＋服装设计

余智鹏 ◎ 编著

人民邮电出版社
北京

图书在版编目（CIP）数据

AI绘画从入门到精通 ：Midjourney基础+商业摄影+创意插画+电商设计+GUI设计+IP设计+包装设计+工业设计+空间设计+服装设计 / 余智鹏编著. -- 北京 ：人民邮电出版社, 2024. -- ISBN 978-7-115-64088-8

I. TP391.413

中国国家版本馆CIP数据核字第2024AG8236号

内 容 提 要

这是一本介绍 Midjourney 绘画技术与应用的书，以软件基础操作和实用案例讲解的形式介绍了 Midjourney 绘画的操作流程、操作方法和提示词书写思路。

本书共 6 章：第 1 章主要讲解 AIGC 和 Midjourney 的概况；第 2 章主要讲解 Midjourney 的基础用法；第 3 章主要讲解 Midjourney 的参数、命令与辅助功能；第 4~5 章主要讲解控制生成图像的方法、使用辅助插件书写提示词的方法及一些辅助工具；第 6 章主要讲解 Midjourney 的实际应用，包括在商业摄影、创意插画、电商设计、GUI 设计、IP 设计、包装设计、工业设计、空间设计及服装设计等领域的应用。

本书将重点放在 Midjourney 图像控制和实战应用上，力求让读者学会 Midjourney 的基本操作，能灵活组织提示词并进行应用。

本书适合零基础读者学习，也适合作为摄影、绘画、设计等领域的 AIGC 参考用书。

◆ 编　　著　余智鹏
　责任编辑　张玉兰
　责任印制　陈　犇

◆ 人民邮电出版社出版发行　　北京市丰台区成寿寺路 11 号
　邮编　100164　　电子邮件　315@ptpress.com.cn
　网址　https://www.ptpress.com.cn
　北京宝隆世纪印刷有限公司印刷

◆ 开本：787×1092　1/16
　印张：12　　　　　　2024 年 9 月第 1 版
　字数：393 千字　　　2024 年 9 月北京第 1 次印刷

定价：108.00 元

读者服务热线：（010）81055410　印装质量热线：（010）81055316
反盗版热线：（010）81055315
广告经营许可证：京东市监广登字 20170147 号

前言

多年来，科幻电影让我们一直在思考一个问题，那就是“AI会不会快速地取代人类进行工作”。其实，看过本书后，读者可能会产生一些危机感：AI已经能胜任很多工作了，并且像狂风一样席卷着非常多的行业。

2022年底，生成式AI逐渐走进大众的视野，深度学习和机器学习正在以惊人的速度发展并逐渐成为新的技术话题。如果说蒸汽机的发明解放了人类工作的双手，那么生成式AI的出现就相当于解放了人类充满想象力的大脑。

» 我与AI

作为设计师，我开始尝试使用AI进行绘画，以此来辅助自己进行设计产出。从Midjourney V3到Midjourney V4，随着版本的更替，AI绘画就像突然迎来了一个技术性的拐点。AI生成的图像已经十分精美，且在画风和合理程度上已经趋近于人绘制的效果。正是因为亲身经历了这一过程，我打破了对艺术创作的传统理解，不得不重新思考“什么是艺术”“什么是创新”“什么是人类的独特性”等问题。

于是我开始尝试进入AI这个“赛道”，探索普通人使用AI提升创作效率的方法，可以说我属于较早进入AI绘画领域的设计师。2023年2月，我开始在自媒体平台上发布AI绘画相关的内容。在此期间，我不仅积累了大量的AI使用经验，还找到了很多志同道合的小伙伴，我们一起学习并交流经验。同年5月，我开始尝试进行一些AI绘画的企业内部培训工作，6月初被邀请到上海交通大学进行了一次关于AI领域的演讲。

现在我相信，AI不仅是一种工具，还提供了一条有助于深入探究我们所处世界的有效途径。借助AI，我们能够追求更高水平的艺术创新，也可以更好地理解我们自己和周围的世界。

» 请接纳AI

值得庆幸的是，AI产出的内容往往取决于操控者的思考维度和认知广度。例如，在AI人像摄影领域，摄影师通常会使用AI来制作精美的照片，即通过对人物特点进行描述，让AI生成人物肖像。因此，AI目前还是受制于人的设计思维的。面对AI，我建议广大读者以“接纳”“了解”“学习”“应用”等心态去看待。

对于AI的学习，建议读者以“玩”的心态开始学习，以解锁更多、更新的“玩法”。总之，消除恐惧的最好办法就是面对恐惧。以“玩”的心态去拥抱新科技，往往能使心态发生正向变化，从而接纳并主动钻研新技术。

本书介绍的是Midjourney在绘画、设计等领域的应用，读者可以考虑以下4种商业用途。

艺术品销售：将AI生成的艺术作品制作成实体艺术品，通过画廊、艺术展览、拍卖会等渠道进行销售。采用这种方式可以通过限量发行、独家销售等手段增强作品的稀缺性和独特性，提高其市场价值。

数字版权销售：将AI生成的艺术作品以数字版权的形式进行销售，可以通过在线平台进行交易。购买者可将作品作为个人收藏品，或者在社交媒体等渠道使用，但需要遵守购买时关于使用范围的约定。

企业专供定制：将AI生成的艺术作品以合作的方式授权给需要的企业。例如，将AI生成的艺术图案应用于服装、家居用品、文具等产品上，打造具有独特艺术性的品牌形象。

广告与营销合作：将AI生成的艺术作品应用于广告、宣传活动，为品牌或产品增加独特的艺术氛围和创意元素。例如，“麦当劳青铜汉堡”为品牌宣传带来了非常大的价值。

余智鹏

2024年6月

资源与支持

本书由“数艺设”出品,“数艺设”社区平台（www.shuyishe.com）为您提供后续服务。

配套资源

9个Midjourney绘画教学视频
常用提示词
ChatGPT转Midjourney提示词

资源获取请扫码

（提示：微信扫描二维码关注公众号后，输入第51页左下角的5位数字，获得资源获取帮助。）

“数艺设”社区平台，为艺术设计从业者提供专业的教育产品。

与我们联系

我们的联系邮箱是 szys@ptpress.com.cn。如果您对本书有任何疑问或建议，请您发邮件给我们，并请在邮件标题中注明本书书名及ISBN，以便我们更高效地做出反馈。

如果您有兴趣出版图书、录制教学课程，或者参与技术审校等工作，可以发邮件给我们。如果学校、培训机构或企业想批量购买本书或“数艺设”出版的其他图书，也可以发邮件联系我们。

关于“数艺设”

人民邮电出版社有限公司旗下品牌“数艺设”，专注于专业艺术设计类图书出版，为艺术设计从业者提供专业的图书、视频电子书、课程等教育产品。出版领域涉及平面、三维、影视、摄影与后期等数字艺术门类，字体设计、品牌设计、色彩设计等设计理论与应用门类，UI设计、电商设计、新媒体设计、游戏设计、交互设计、原型设计等互联网设计门类，环艺设计手绘、插画设计手绘、工业设计手绘等设计手绘门类。更多服务请访问“数艺设”社区平台www.shuyishe.com。我们将提供及时、准确、专业的学习服务。

目录

第5章

提词器与常用的AI辅助工具

第6章

Midjourney应用实战

第1章

了解AIGC与Midjourney

想要快速掌握AI绘画相关知识，应该不断了解新工具，接受新观点。作为创新工具，AIGC工具可以应用在各个领域。值得注意的是，虽然AI绘画在许多任务上表现出色，但在实际应用时还需谨慎。了解相关工具，并结合专业知识进行判断，将AI技术应用于实际场景，才能取得最佳效果。本章将介绍AIGC的相关知识及Midjourney的大致情况。

1.1 了解AIGC

随着ChatGPT变得越来越火，全世界都开始关注AIGC的应用。下面介绍AIGC的概念及其优势。

1.1.1 什么是AIGC

AIGC通常是指Artificial Intelligence Generated Content，即生成式人工智能，通俗地讲就是由AI生产并提供给人们查阅的信息，包括但不仅限于生成文章、视频、图片和声音等。传统的内容生产形式大致分为3种，分别是PGC、UGC和OGC。

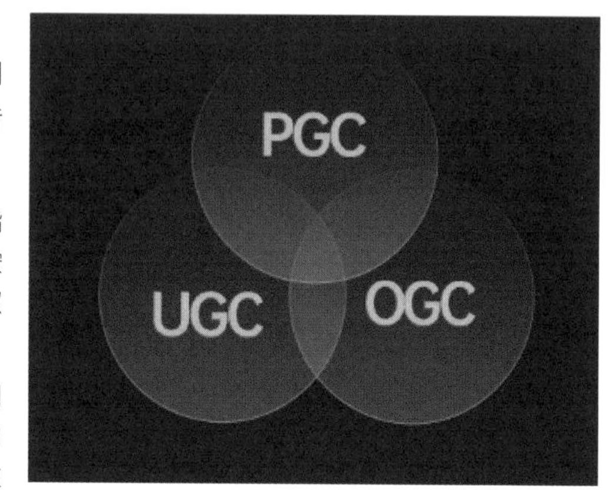

- **PGC：** Professional Generated Content，是指专业生产内容，泛指内容个性化、视角多元化、社会关系虚拟化。它由传统广电业从业者按照几乎与电视节目无异的方式进行制作，但在内容的传播层面必须按照互联网的传播特性进行调整。
- **UGC：** User Generated Content，是指用户生成内容，即用户原创内容。用户将自己原创的内容通过互联网平台进行展示或提供给其他用户。bilibili、抖音和小红书等网络平台上的内容都可以看作UGC，对应的社区网络、视频分享等都是UGC的主要应用形式。
- **OGC：** Occupationally-generated Content，是指职业生产内容，即通过具有一定知识和专业背景的行业人士生产内容，并获取相应报酬。OGC的生产主体是从事相关领域工作的专业人员，具有相关领域的职业身份。OGC的典型特征就是质量高，因为内容生产掌握在专业职业人员手中。这需要与UGC良莠不齐的内容区分开来。

1.1.2 AIGC的优势

相对于传统信息生产，借助AIGC可以显著地提高效率。利用图形处理器的强大并行处理能力，AIGC可以同时执行多个运算，加快机器学习算法的训练和推理速度。这意味着用户能够在更短的时间内获得结果，提高工作效率。以绘画为例，AI绘画工具（如Midjourney）的出图效率是人的数倍乃至数十倍，可以让人从烦琐的绘画过程中抽身出来，从而有更多的精力进行设计。

总体而言，AIGC的优势有很多。我们在关注它的优势的同时，也要注意规避它的不足。

1.2 了解Midjourney

目前Midjourney搭建在Discord中，使用时并不需要经过烦琐的部署过程，用户直接打开聊天应用就可以随时使用，且它对计算机的配置也没有太高的要求。Midjourney其实是AI绘画领域入门级别的产品，也是目前应用比较广泛的AI产品。Midjourney的应用范围包括艺术创作与设计、虚拟世界与游戏设计、电影与动画制作、辅助创作与快速原型设计、数字娱乐与表演艺术、教育与学习、广告与营销、图像修复与增强和辅助智慧电商等。

1.2.1 Midjourney的安装与注册

下面介绍Midjourney的安装与注册方法。

01 在浏览器中搜索Discord官网，进入首页后单击右上角的Login（登录）按钮【Login】。

02 进入登录页面。如果有账号，直接登录即可；如果没有账号，就需要先进行注册。注意，如果想避免重复登录，可以考虑下载安装包。

03 注册过程中要注意填写出生日期，要求年龄大于14岁。另外，人机验证有两次，需输入手机号码进行验证，且需要在邮箱中进行确认。

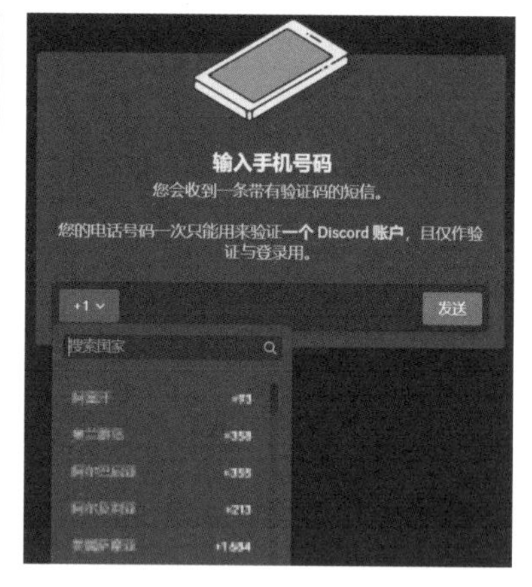

04 创建服务器或使用邀请码进入服务器。如果没有邀请码，可选择“亲自创建”；如果有邀请码，就不需要创建服务器了。

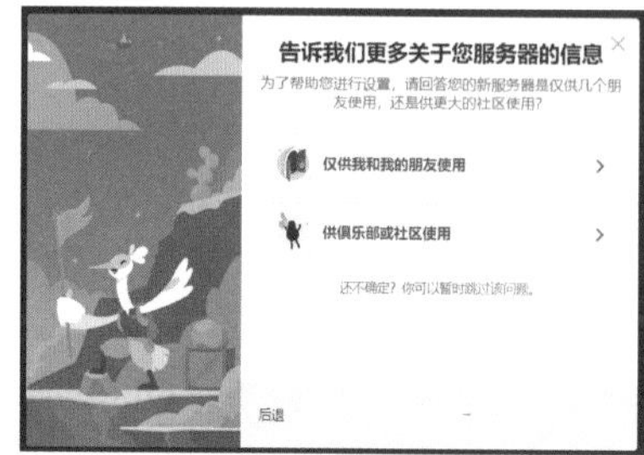

05 添加Midjourney公共社区。进入Discord主界面，单击左侧的“指南针”按钮，添加Midjourney社区就可以进入Midjourney公共社区了。announcements中会更新一些版本变化和通知，在daily-theme中可以找到社区中很多其他创作者的AI作品。

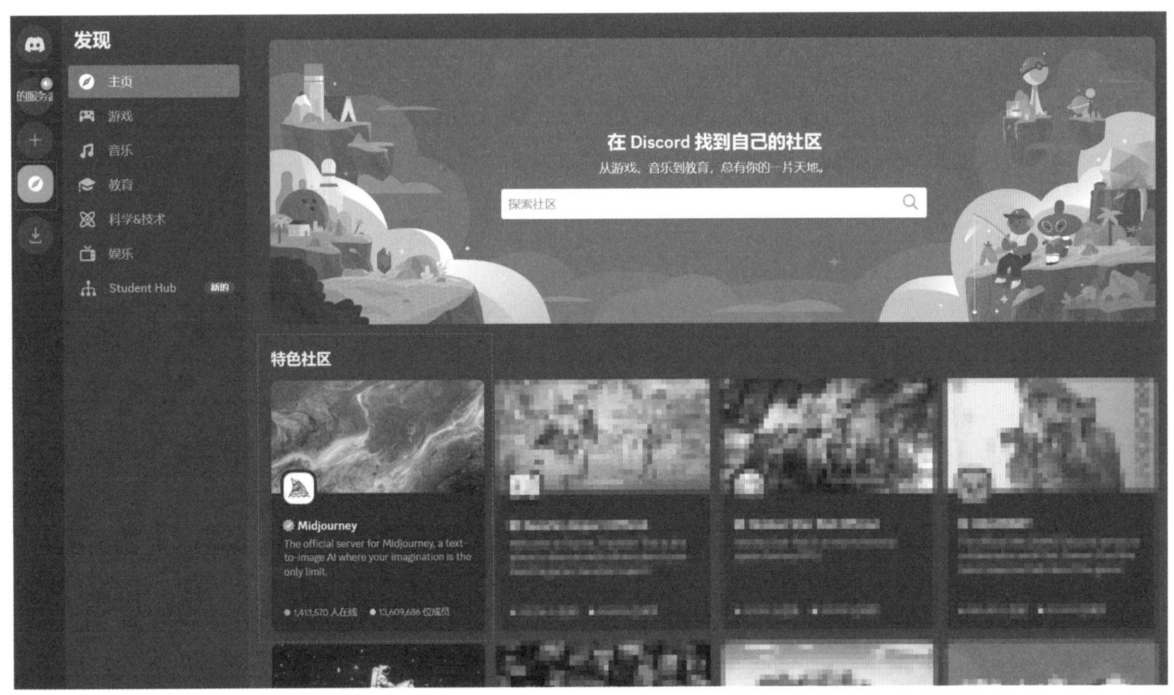

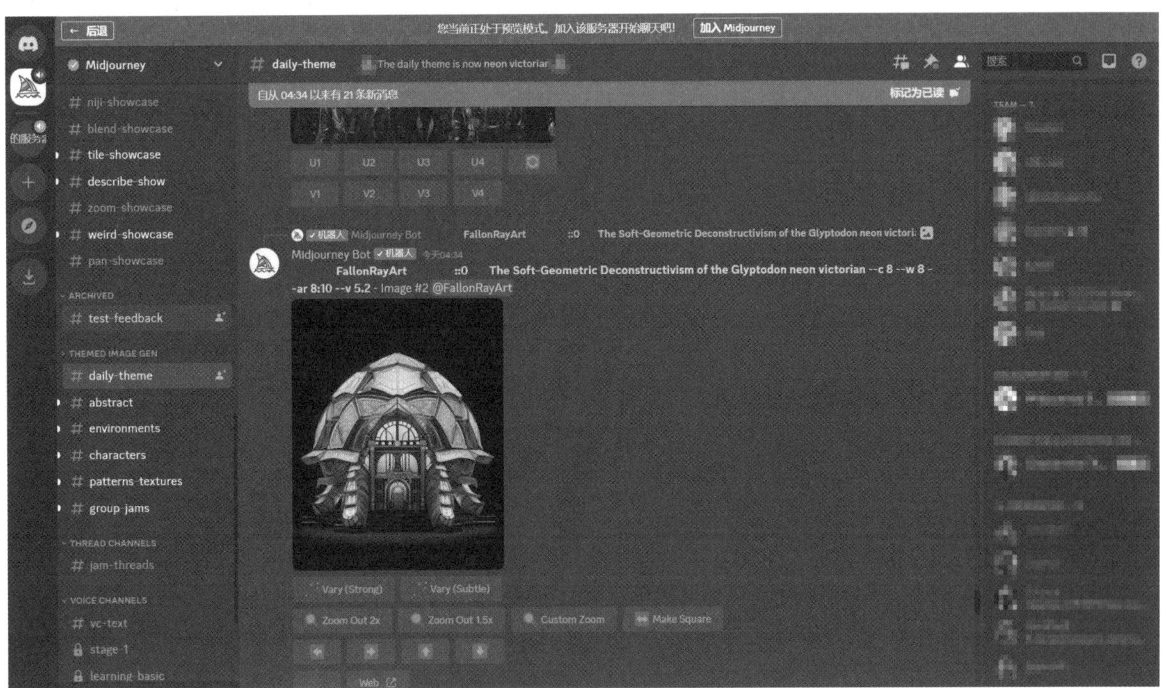

06 创建自己的专属服务器。进入Midjourney公共社区，单击右上角的按钮显示成员名单，然后单击右侧列表中的“Midjourney Bot”，单击“添加至服务器”按钮，选择刚刚建立的服务器名称，即可将Midjourney Bot添加到自己的服务器中。

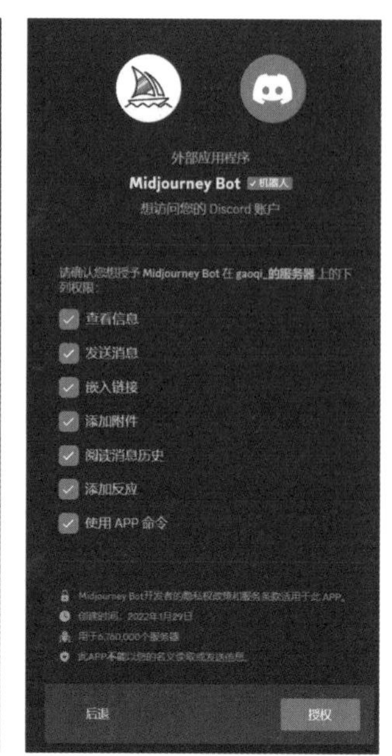

07 订阅会员。在指令区输入“/subscribe”命令，按Enter键确认发送，单击“Manage Account”按钮进入订阅会员的界面。

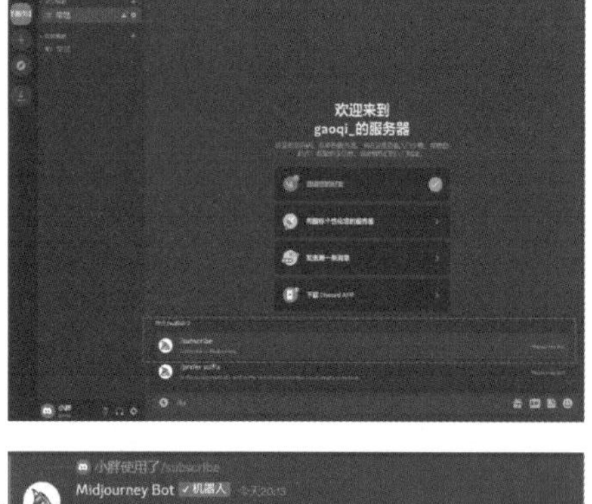

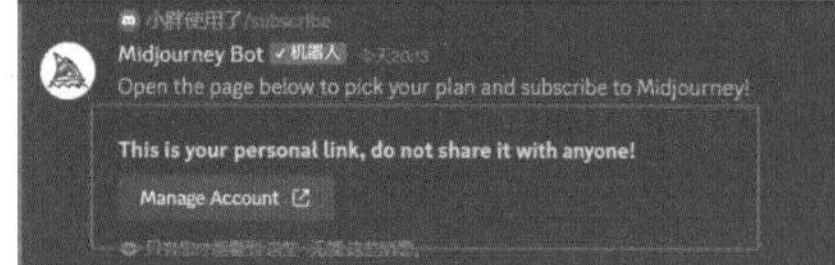

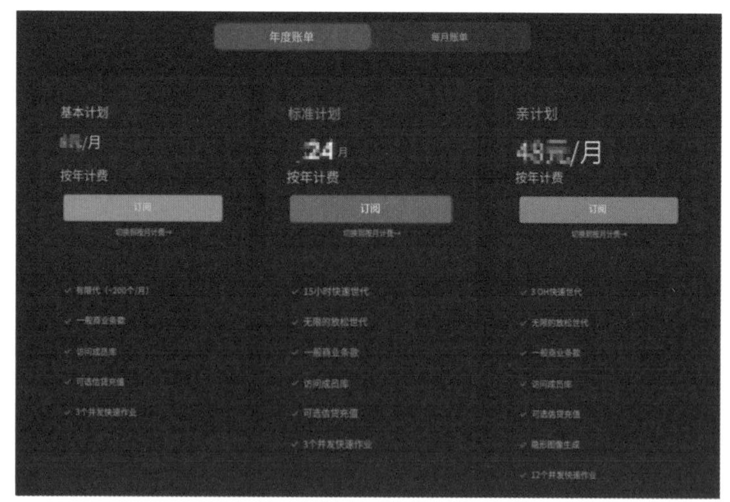

1.2.2 Midjourney用户界面介绍

目前Midjourney还是内置在社区聊天服务器中，其生成图片的过程就像使用聊天的方式来完成绘画。下面简单介绍一下Midjourney用户界面。

①服务器：包含所有已建立的服务器。在多人使用同一个账号的情况下，用户可以建立不同的服务器来区分自己和其他人生成的图片内容。

②频道：包含文字频道和语音频道，用户可以邀请其他小伙伴一起进入频道社区。

③常规显示：用于对频道社区内容进行编辑和查找，通常单击右侧图标可以查看对频道的管理设置。

④服务器设置：单击⚙可以设置照片、名字、隐私安全等。

⑤对话生成区：发送提示词（prompt）以后，生成的图片会在这个区域显示。

⑥指令区：用于给Midjourney Bot发送指令，包括文生图、图生图和混合图片等操作。

⑦用户列表：包含邀请的用户及机器人，通常可以在这里搜索邀请过的机器人。

1.2.3 Midjourney生成图片初体验

创建好Midjourney的服务器并熟悉用户界面后，就可以使用Midjourney来创作AI图了。

在指令区输入"/"，可以选择"/imagine"命令，在"prompt"的后面输入"a boy"，按Enter键发送指令，就可以得到第1组AI图了。

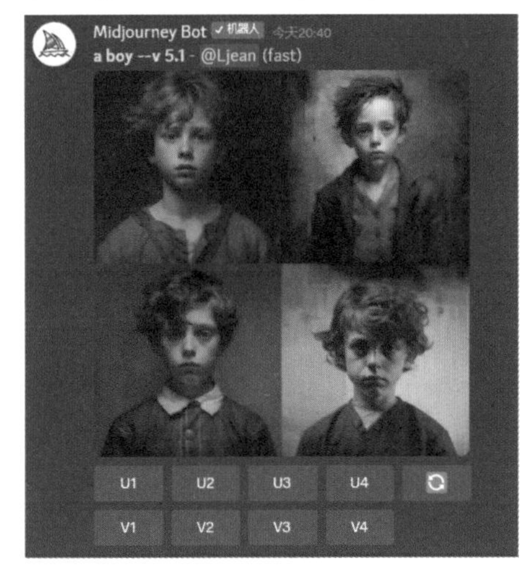

如果生成的图片中有符合需求的，可以选择“U”来放大图片，例如选择“U1”，就会放大第1张AI图。

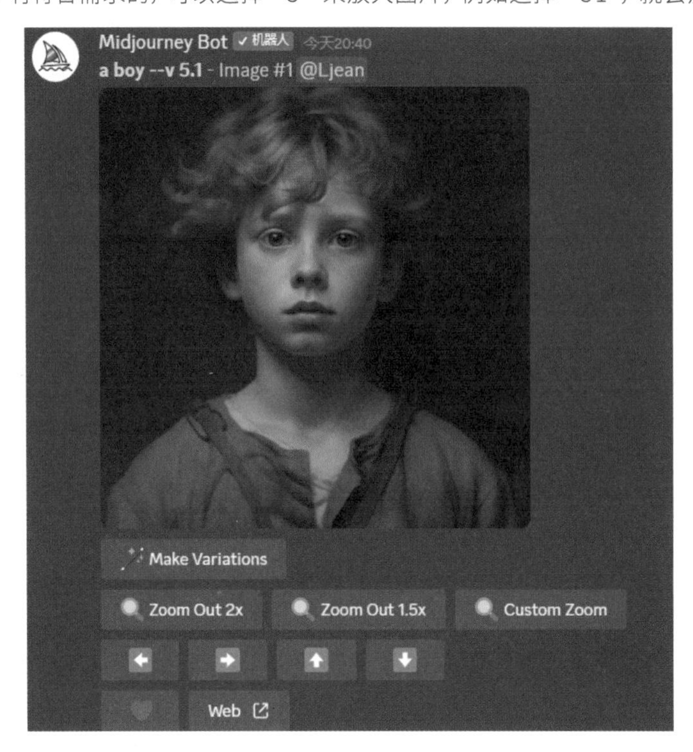

如果对生成的图片不满意，那么可以对主题进行更细致的描述，例如“一个金色头发、蓝色眼睛的男孩”，并设定风格为平面插画风格。这时就可以修改提示词。

A boy with golden hair and blue eyes, flat illustration

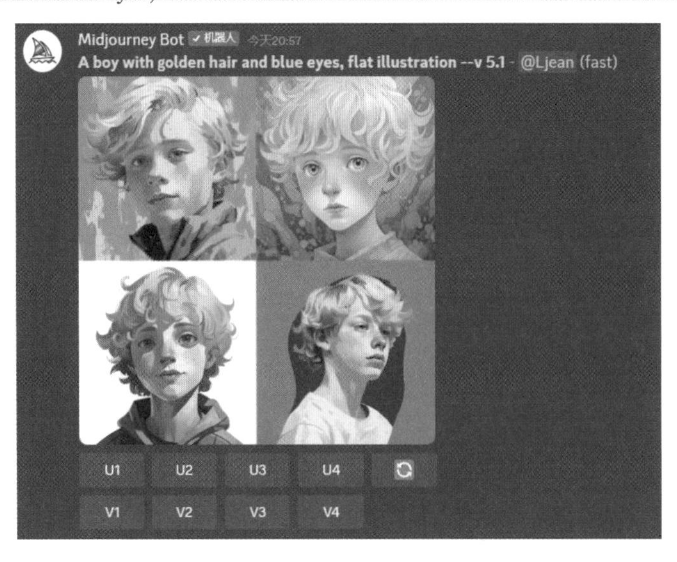

至此，作为读者的你，已经使用Midjourney生成了第1张AI图。注意，AI绘图并不是这么简单的。要想让绘制出的图片有更多的细节，或者有一定的商用价值，你还需要掌握后面的学习内容。

第2章

Midjourney 的基础用法

在Midjourney刚进入人们的视野时，提示词就像社交虚拟币，全网的AI画师们都拿着提示词互相交换或“抄作业”。当然，直接使用已有的提示词也可以生成很棒的作品，但是想要真正地掌握AI绘画逻辑，就需要掌握提示词的基本书写方法和其他基础知识。本章将着重讲解Midjourney的基础用法。

2.1 提示词的结构与基本书写方法

Midjourney中常用的命令为“/imagine”，Midjourney Bot都是通过解析提示词来生成图片的。提示词中的单词和短语会被分解为更小的token（命令），并与训练数据进行比较，从而用于生成图片。因此，精心制作的提示词可以用于生成独特的图片。AI绘画中比较基础的图片生成方式就是文生图，即像前面尝试的一样，输入任意提示词就可以生成对应的图片，通常不相关的提示词会以“,”（英文逗号）隔开。

2.1.1 提示词的结构

在实际使用中，随意组成的提示词会给后续调整带来一定困难，例如前后提示词混乱会导致画面复杂、得不到想要的内容等一系列问题。提示词其实有一定的书写技巧和基本结构，下面详细说明。

- 前缀：这不是必须书写的内容，前缀通常是叠图链接，用于在使用Midjourney的过程中通过叠加参考图来帮助产出合适的图片，后续在叠图的部分会详细介绍。
- 主题：对画面内容、故事情节的描述。
- 后缀：通常为对艺术风格、画面样式和图片质量的描述，详见下表。

后缀内容	名词解释	举例说明
艺术风格	一些艺术家的名字或图片风格	Van Gogh、Victo
画面样式	构图视角、灯光角度或整体画面的色调	中景、顶光、粉色调
图片质量	图片清晰度、三维渲染器、质感	8K、16K、OC

- 参数：Midjourney的参数比较特殊，不同版本包含的参数也不相同，参数的调取方法为使用特殊字符“--”（两个减号）。

2.1.2 提示词的基本书写方法

简短的提示词会非常依赖Midjourney的默认风格，而描述性越强的提示词越能获得独特的效果。很多新手通常认为提示词越长，生成的图片效果越好，这是一个严重的误区。提示词的长短并不能决定画面质量的好坏，因为Midjourney不像人类那样可以理解语法、句子结构和单词的含义。如果生成的图像不够理想，笔者建议采用下面3种方法书写提示词。

方法1：词语选择很重要。在许多情况下，描述更具体的同义词所产生的效果更好，如使用“large（巨大的）”“huge（庞大的）”或“enormous（极大的）”来代替big（大）。

方法2：尽可能地删减单词。单词越少意味着每个单词的影响越大，可使用逗号、括号或连字符来串联。注意，Midjourney可能无法准确地解释它们。

方法3：在书写物体数量时，复数词意味着会出现更多的可能性，使用具体的数字来表达可以更好地控制画面的精细度，如将cats改为three cats。另外，集体名词也可以做到这一点，如将“children”改为“childrens”。

在Midjourney中，提示词是有权重的，单词越靠前，对画面的影响就越大；反之越小。因此，在生成图像的时候，应将想要元素对应的提示词放到前面。如果在书写提示词的过程中不知道该如何描述画面，可以参考下面的描述方向。

- 主题：通常为人物、动物、地点、物体等。
- 媒介：通常为照片、插图、雕塑、涂鸦、挂毯等。
- 环境：通常为室内、户外、月球上、纳尼亚、水下、翡翠城等。
- 照明：通常为柔和、阴天、霓虹灯、工作室照明等。
- 颜色：通常为鲜艳、柔和、明亮、单色、多彩、黑白色、粉彩等。
- 心情：通常为沉静、平静、喧闹、充满活力等。
- 构图：通常为人像、头像、特写、俯视等。

2.2 提示词的权重

如果对画面中元素所占的比例有要求，可以通过为提示词添加权重来达到控制图像的目的。控制权重使用的格式为::*n*，通常*n*的数值越低，对最终输出效果的影响越小；*n*的数值越高，对最终输出效果的影响就越大。下面是不同权重对最终输出效果的影响参考。

- ::1.5：对最终输出效果具有较大强度的影响。
- ::1：对最终输出效果具有默认强度的影响。
- ::0.5：对最终输出效果具有半强度影响。
- ::-0.5：对最终输出效果具有减弱或删除影响。

2.2.1 通过权重控制元素画面占比

在使用提示词的过程中，提示词的权重越接近0，那混合出来的内容就会越不合常理。权重的数值范围通常为0~5，可以有小数点。另外，权重的数值越大，对应元素在画面中所占的比例越大。

在Midjourney的输入框中输入“/imagine”，然后选择“/imagine prompt”，接着输入“女孩和狗在草坪上散步”的提示词。

girl and dog are taking a walk on the lawn

未给画面中的元素添加权重

上页展示的是在没有添加权重时生成的图片，即女孩和狗在画面中所占的比例是随机的（权重默认为1）。下面为画面中的女孩和狗添加权重，要求女孩所占的比例比狗大。注意，为哪个元素添加权重就将权重参数放在与之对应的提示词后。

girl::2 and dog::1 are taking a walk on the lawn

女孩的权重变为 2，狗的权重仍然为 1

2.2.2 通过重复增加元素画面占比

在使用权重控制画面时，重复添加提示词会得到比较好的效果。下面用“小河边的鱼和熊”来进行测试。

Fish and Bear by the Little River

没有使用权重的内容

Fish and Bear by the Little River Fish::5

将鱼的权重设为 5，鱼在画面中的占比变大

2.2.3 使用权重优化场景

如果生成的画面场景没有达到要求，可以考虑使用权重来优化场景。这时可以使用第1组提示词来设置场景，使用第2组提示词来填充场景，然后使用权重优化对应的提示词。这里以“在厨房里，一对夫妇正在为钱争吵”为内容进行测试。

in the kitchen, a couple is arguing over money

没有使用权重的内容

in the kitchen, a couple::2 is arguing over money

为“夫妻”增加权重，生成的画面更加侧重于表现人物的着装

在使用权重的过程中，一定要注意权重符号在提示词中的添加位置。如果权重在提示词中的添加位置不对，可能会对生成的结果产生很大的影响，这里以“冰激凌”为例进行说明。

ice cream

没有使用权重，正常生成“冰激凌”

ice::2 cream

为“冰”增加权重会增加“冰”在画面中的占比，生成的内容也会变为“冰”和“奶油”

ice cream::2

为“奶油”增加权重，因为“ice cream”会被识别为“冰激凌”，所以仍然生成“冰激凌”

2.3 优化图片

当书写好提示词并生成图片后，图片的下方会有两排按钮，这两排按钮主要用于优化当前图片的效果。因为Midjourney一次性会生成4张图片，所以在优化图片时需要选择对应图片的序号，从左上角到右下角的序号依次是1~4。

alone in the city

图片顺序

U代表的是放大对应的图片（以U1为例），V则代表在对应的图片上进行微调（以V1为例）。

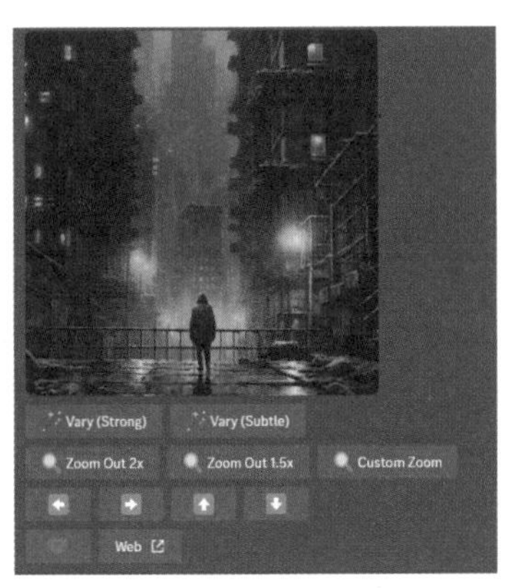

单击“刷新”按钮，可以让Midjourney根据提示词重新生成图片。

2.4 图生图

如果你获得了一张色调、风格都比较理想的图片，但是其内容不符合预期或者你没有获得使用的授权，那么建议使用图生图来制作一张类似的图片。想让Midjourney以图生图的方式制作出效果类似的图片，得先让Midjourney读取图片的信息，目前上传图片的方式有两种。

第1种是将图片拖曳到Discord的服务器中，按Enter键上传图片。

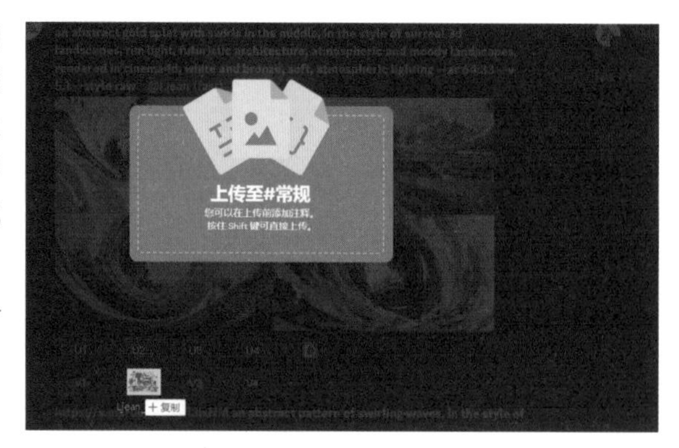

第2种是单击输入框左侧的加号图标⊕，然后选择"上传文件"，接着找到对应的图片进行上传。

上传图片后，Midjourney可以获取图片的所有信息，包括画面的整体色调、具体的元素造型及元素风格。在进行图生图的操作时，还需要让Midjourney明确用哪一张图片来进行叠图，即在图片上单击鼠标右键，然后选择"复制链接"。

在介绍提示词的结构时提到，提示词除了包含主题和后缀，还包含前缀。前缀即这里的图片链接（叠图链接）。一定要使用空格符来隔开前缀和主题，即格式为"前缀 主题"，否则Midjourney就会报错。

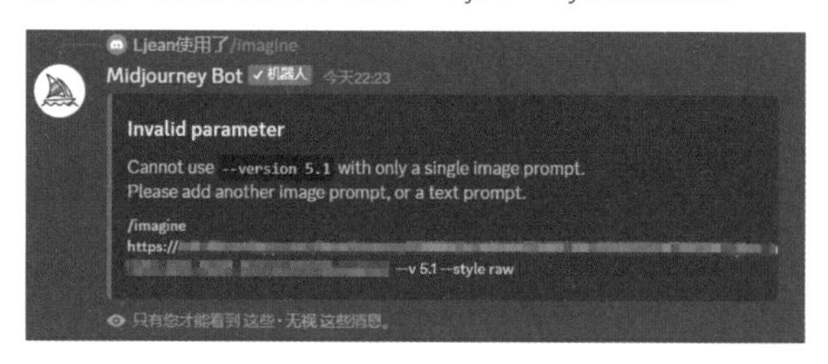

技巧提示

图生图时，不限于一次只使用一个前缀，运用V5版本后的Midjourney就可以使用多个前缀了。在不使用提示词的情况下，图生图的效果类似于使用"/blend"的效果。笔者测试发现，同时使用5个前缀可以算是当前版本的极限了，使用超过5个前缀生成的效果会变得奇怪。注意，前缀之间仍然需要使用空格符隔开。

2.5 随机生成多张创意图片

工作中的需求总是多变且复杂的，当有多个主题、后缀和参数时，需要多次且反复地输入提示词。Midjourney在V5版本的更新中增加了新的生成符号“{}”。在提示词中添加此符号，就可以用一组提示词随机生成多张创意图片，括号内的提示词使用“,”隔开。

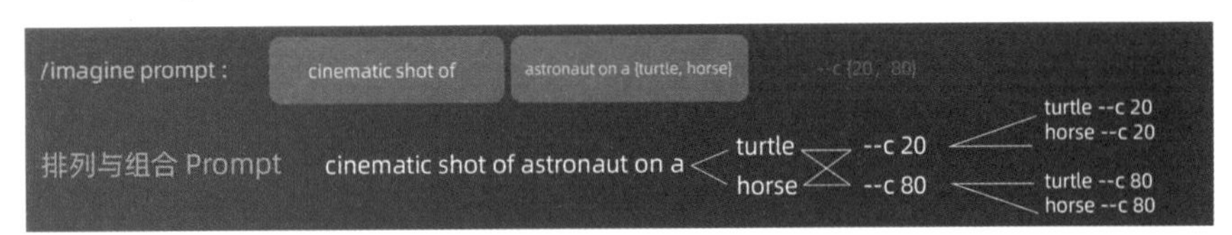

假设想生成“一组薯条和汉堡”的图片，薯条和汉堡的包装材料是金属或纸，描述词如下。

use {metal, paper} packaging for {French fries, hamburgers}

在Midjourney弹出的提示中选择“Yes”，接下来就会看到4个提示词和对应的图片。

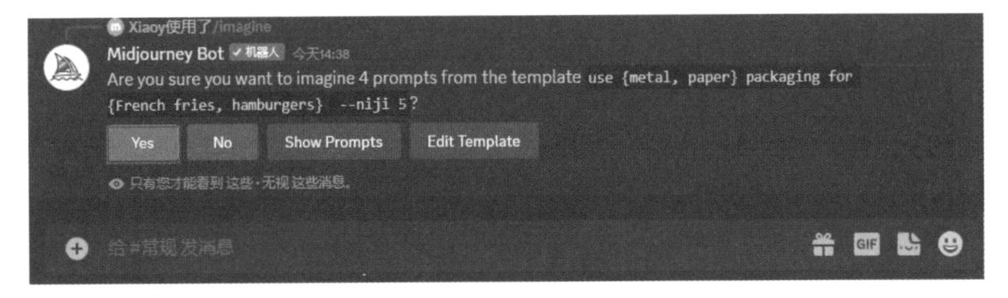

use metal packaging for French fries --v 5.1 --style raw

use metal packaging for hamburgers --v 5.1 --style raw

use paper packaging for French fries --v 5.1 --style raw

use paper packaging for hamburgers --v 5.1 --style raw

第3章

Midjourney 的参数、命令与辅助功能

参数都添加在提示词的末尾，并且使用"--"来调用。在书写提示词时，可以添加多个参数。参数分为两个部分，分别是版本参数和通用参数。版本参数是只有当前版本具有的参数，通用参数是在所有版本中都可以使用的参数。除此之外，Midjourney还包含一些常用的命令。

3.1 版本参数

因为不同版本Midjourney的模型会生成不同效果的图片，所以在日常工作中经常会使用版本参数调取不同版本的模型。目前Midjourney的模型分为两种：一种是日常使用得比较多的Midjourney版本，还有一种是二次元爱好者常使用的niji·journey版本。

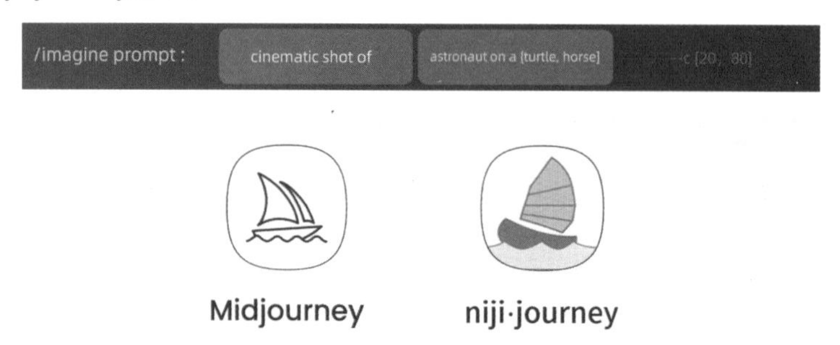

3.1.1 调用方法

如果想调用常规的Midjourney V5.2，就在提示词的最后添加“--v 5.2”，注意“v”后要添加空格符。如果想调用niji·journey V5，可以在提示词最后添加“--niji 5”，“niji”同样后需要添加空格符。值得注意的是，对于niji·journey，也可以用创建服务器的方式单独调用一个niji·journey bot。这样做的好处是可以把用niji·journey模型生成的图和用Midjourney模型生成的图进行区分。

01 在Discord中单击“搜索可发现的服务器”按钮，然后在搜索框中输入“niji”并按Enter键，接着在搜索结果中双击“niji·journey”。

02 进入niji·journey的服务器，选择“加入niji·journey”，在右侧就可以看到“niji·journey Bot”。

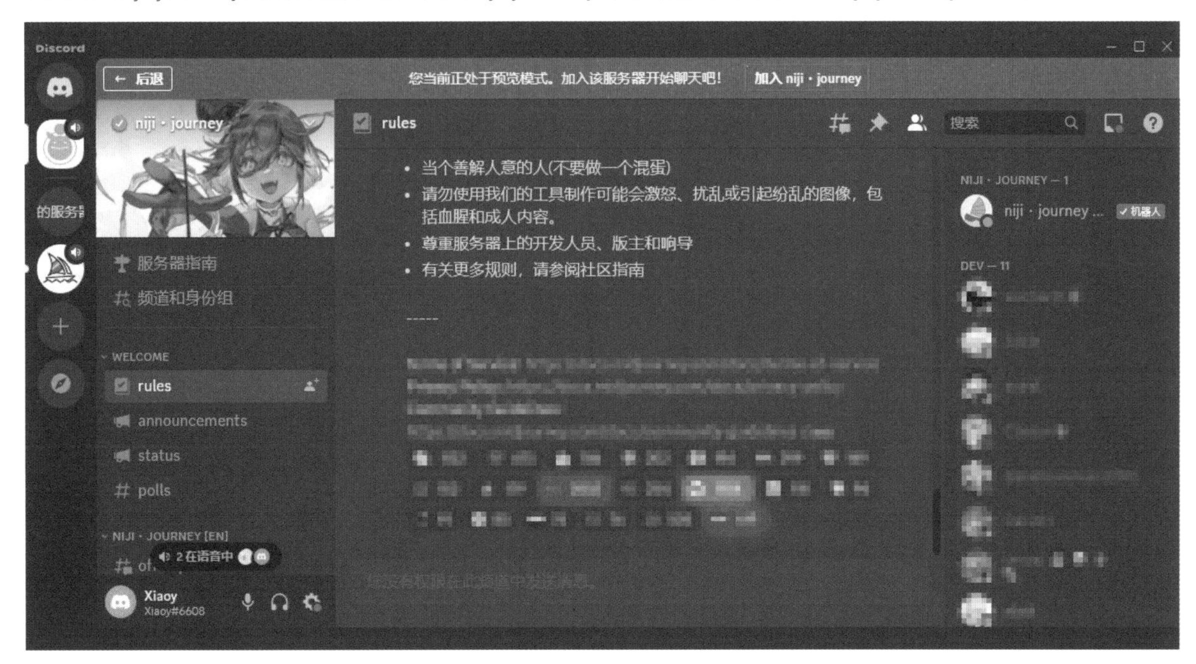

03 为了便于区分，建议新建一个服务器，作为niji·journey的专用服务器，创建方法与前面Midjourney的类似。创建好服务器，单击“niji·journey Bot”，然后单击“添加至服务器”按钮 添加至服务器 ，选择刚才创建的新服务器并单击“继续”。

04 进入已经添加niji·journey Bot的服务器，然后与在Midjourney中一样书写提示词，即可生成二次元风格的相关图片。

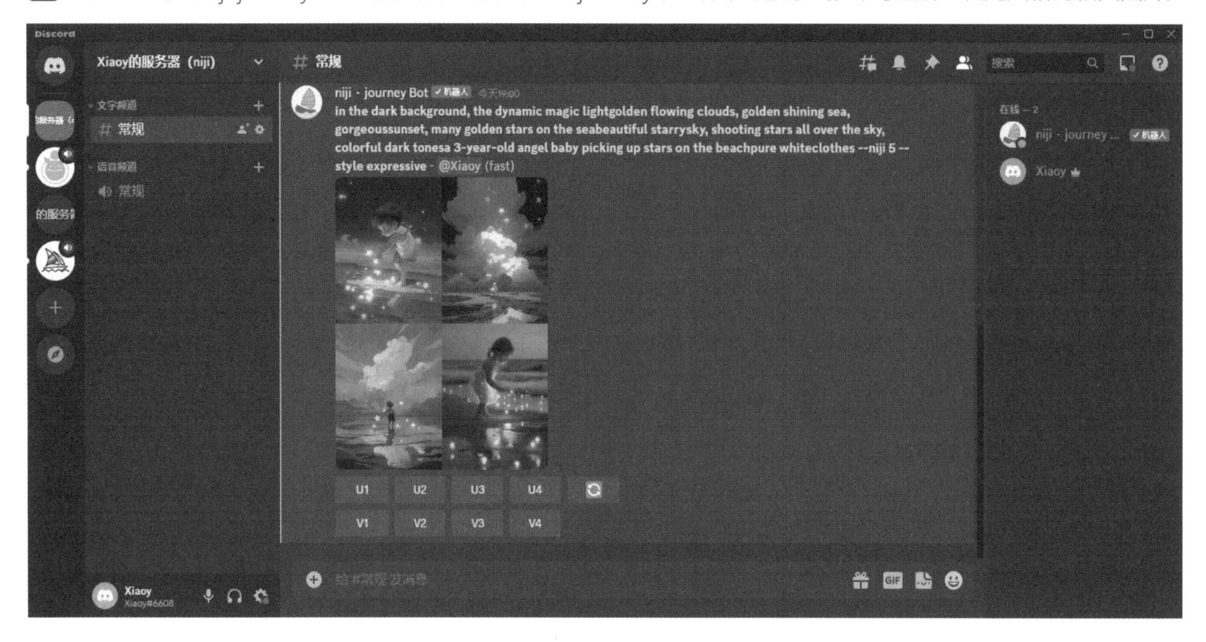

3.1.2 Midjourney的参数调用

目前常用的Midjourney版本有7个，分别是V1、V2、V3、V4、V5、V5.1和V5.2。V1~V3版本实质上对画质的提升度并不是很大。V4和V5版本有一个质的提升，首先是修复了手部处理错误的问题，其次是提升了画面的丰富程度和细腻度。V5.1和V5.2版本主要丰富了扩图功能，并增加了一些参数。这里展示的是相同提示词在不同版本的Midjourney中生成的图片效果。

在V1~V3的版本中，使用“--video”可以保存一段正在生成的初始进度视频，单击“添加反应”按钮，然后选择“信封”，就可以获得这段视频了。

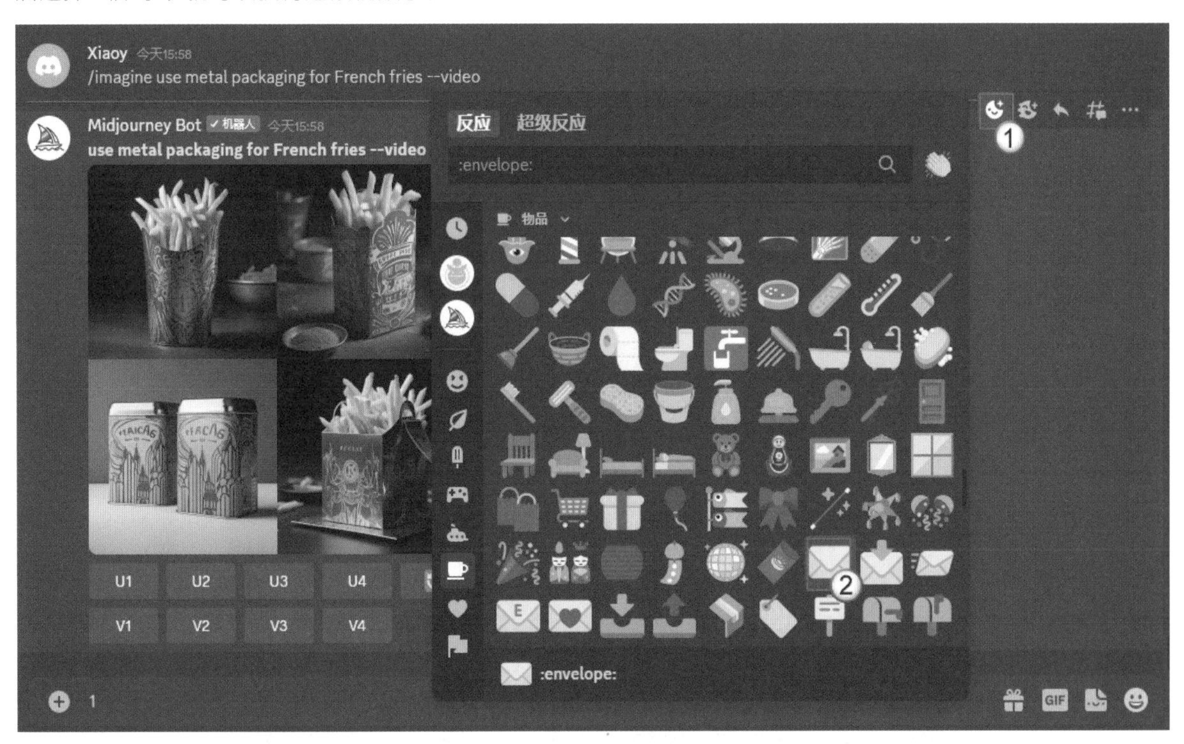

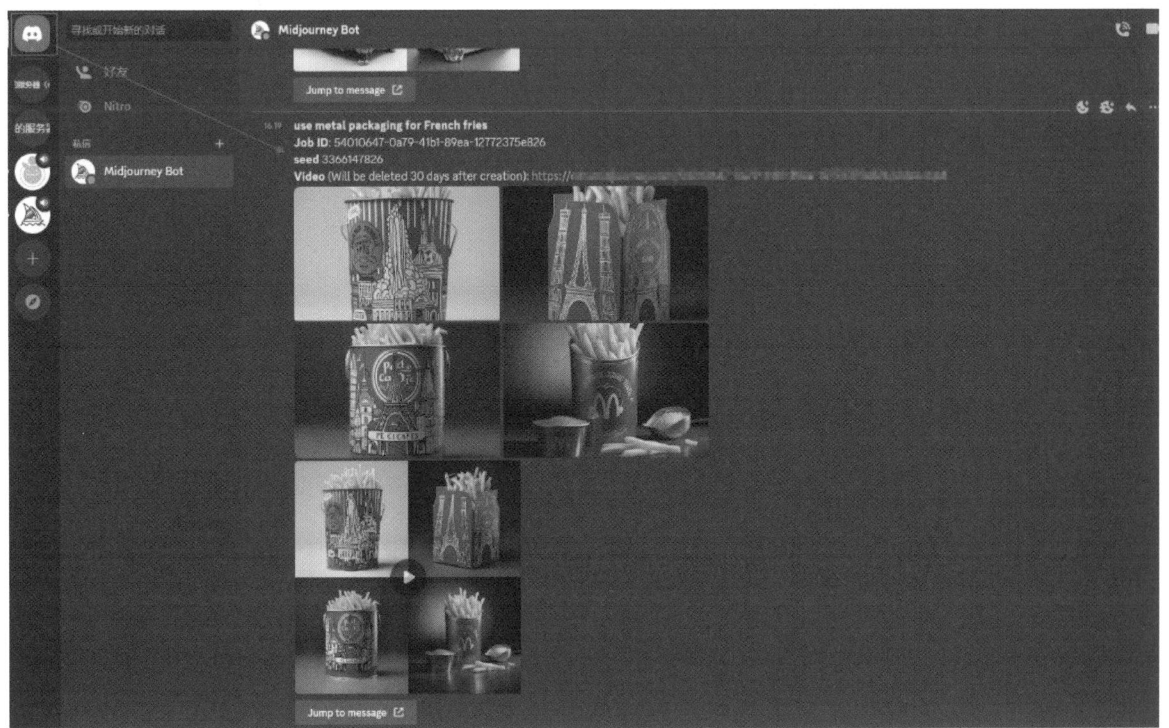

V5.1版本特有的参数为“--style raw”，即使用raw模式。相对于V5.1版本的默认模式，raw模式更适合使用连贯的描述来生成效果图。V5.1版本raw模式下生成的图像会更加接近提示词所描述的情况，模式的效果类似于V5版本的无主张模式。

在没有使用后缀的情况下，V5.1版本的默认模式生成的图像会更具个性化的风格特色。

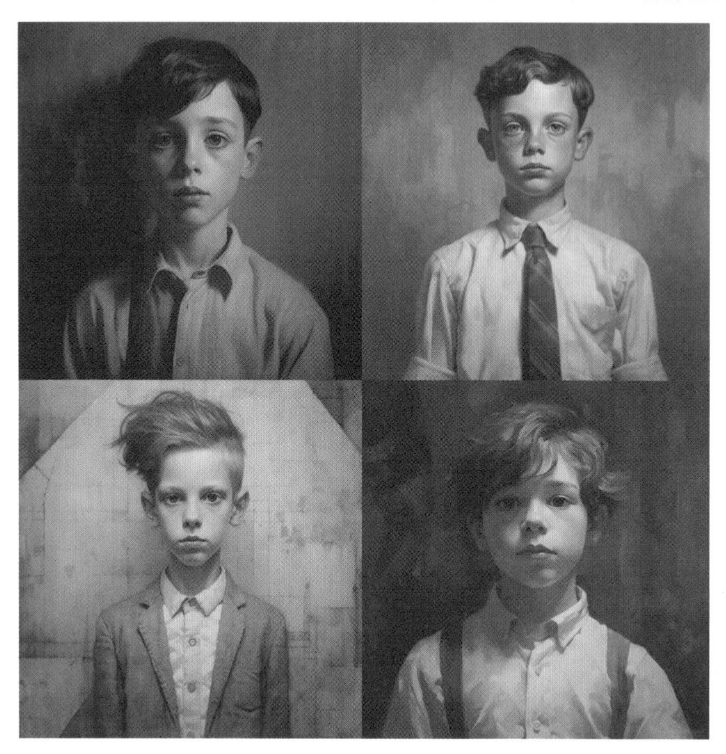

raw模式下生成的图像则比较普通，更贴近提示词所描述的情况。

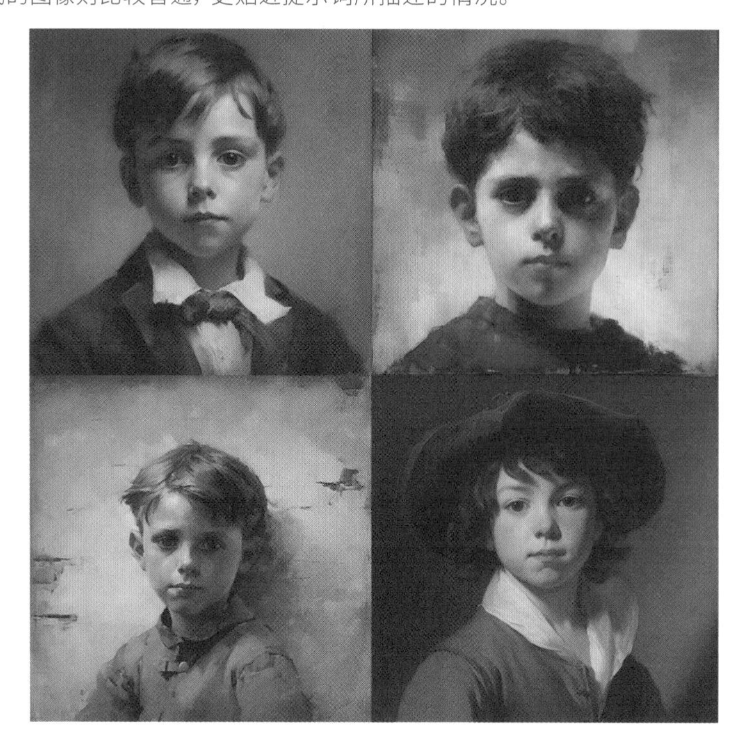

V5.2版本更新了扩展图像功能，即使用“--zoom *n*”可以将生成的图像扩展得更大，目前这个参数的取值范围为1≤*n*≤2。除此之外，V5.2版本还增加了前卫参数“--weird *n*”，取值范围为0≤*n*≤1000。使用这个参数可以让生成的图像更具有前卫风格，官方给出的出图参数范围为250≤*n*≤500。

3.1.3 niji·journey的参数调用

如果读者是一个二次元爱好者，那一定不能错过niji·journey，即niji模式。当前的niji模式分为两个版本，分别是niji 4和niji 5。笔者推荐直接使用niji 5，这个版本除修复了手部绘制问题以外，还增加了4个模式参数，分别为“--default style”（新默认模式）、“--expressive style”（表现风格模式）、“--cute style”（可爱模式）和“--scenic style”（场景丰富模式），系统的默认模式为“--style original”（默认模式），用户在调用参数的时候不用考虑大小写问题。下面展示的是niji 5的4个不同模式对应的效果图。

- --default style/--style original：两者生成的图像效果差别并不是很大，只是--style original生成的图像的颜色会更纯净，风格也更偏向于二次元。
- --expressive style：生成的图像具有强烈的个人绘画特色，常被画师和艺术家推荐。
- --cute style：适合制作一些可爱的儿童插画或者绘本插图。
- --scenic style：适合生成一些二次元风格的环境和场景，其中的细节会非常丰富。

3.2 通用参数

前面介绍了版本参数，接下来讲解通用参数。通用参数在各个版本中均可以使用，一般都会对图片产生巨大的影响。

3.2.1 图片比例和尺寸（--ar）

“--ar”是使用频率较高的参数，主要用于定义画面的比例，格式为“--ar 比例”（中间有空格符，比号可用英文冒号代替），加在提示词最后即可。例如，“--ar 1：1”表示默认横纵比，“--ar 5：4”表示打印比例，“--ar 3：4”表示自媒体通用比例，“--ar 16：9”表示屏幕尺寸等。注意，生成的图片尺寸不会超过1500像素×1500像素。

3.2.2 负面提示（--no）

在生成图像时，画面中总会出现一些其他元素，如果其中有需要去除的元素，那么这种元素就是负面元素，就需要用负面提示“--no”去除。在写提示词的时候，把“--no”放在对应元素的提示前面，然后将整个负面提示词组放在段后即可。

an astronaut walked towards a beautiful door in the green space 180 --niji 5

an astronaut walked towards a beautiful door in the green space 180 --no flower --niji 5

去除了花

3.2.3 图片质量（--q）

图片的细节和清晰度会作为图片能否商用的判断标准，优质且清晰的图片可以在更多的媒体上曝光。想要通过Midjourney获得优质的图片，就需要使用质量参数，即quality，写为“--q *n*”，默认情况下*n*=1，0.25≤*n*≤5。注意，生成的图片越清晰，证明AI内部的迭代次数越多，生成时间也就越长。

a dog --q 0.25 --v 5.2

狗的毛发细节相对较为简单，图片更偏向于插画风格

a dog --q 1--v 5.2

狗的毛发清晰可见，画面的细节有所增加

a dog --q 5 --v 5.2

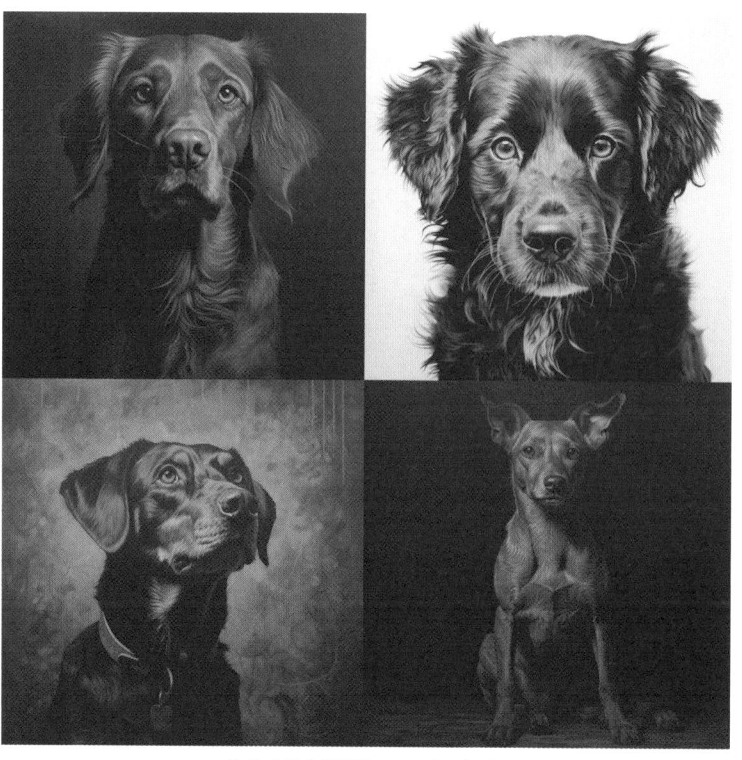

狗的毛发非常清晰，画面十分细腻

3.2.4 风格化（--s）

风格化即stylize，写为"--s *n*"，默认为n=100，0≤n≤1000。参数越大，画风越写实、细节越丰富。

chicken --s 0

偏向于绘画风格

chicken --s 100

出现混合效果

chicken --s 1000

细节更丰富

如果在提示词中添加了有关画面风格的描述，风格化参数的数值越大，画面的真实风格就会越突出。注意，数值越大，画面中的颜色就会越“脏”，因此参数的取值范围应尽量控制在100~500。

illustration, rice planting, field (field with many farmers), rain, painted by Wu Guanzhong, full details --s 0

illustration, rice planting, field (field with many farmers), rain, painted by Wu Guanzhong, full details

不添加参数表示默认参数为 100

illustration, rice planting, field (field with many farmers), rain, painted by Wu Guanzhong, full details --s 1000

3.2.5 创意（--c）

“创意”的提示词是chaos，可简写为“--c”，可通过--c n让生成的图片更有创意，默认参数n=0，0≤n≤100。参数越大，Midjourney在生成内容时对提示词的参考就越多，参数在0~50对生成内容的影响比较明显。

girl in the car is filled with goldfish and flowers, goldfish can fly, Kawaguchi Renko's, natural posture, holiday, simulation movies, high photography, Colorful, water and goldfish --c 0

girl in the car is filled with goldfish and flowers, goldfish can fly, Kawaguchi Renko's, natural posture, holiday, simulation movies, high photography, Colorful, water and goldfish --c 50

3.2.6 无缝图案（--tile）

无缝图案一般用在奢侈品、墙纸、服装、窗帘等元素上。在三维设计中，可使用无缝图案制作材质球。直接在提示词结尾处添加“--tile”即可调用这个参数。注意，这个参数不能在V4版本中使用。

3.2.7 参数图片种子（--seed/--same seed）

用扩散模型生成图像时，需要使用噪点来还原生成的图像。Midjourney为不同的噪点添加了不同的编号，以此来区分噪点。获取噪点编号就可以还原之前生成的图像了。在Midjourney中单击“添加反应”按钮，然后选择“信封”，就可以获取seed值，即噪点的编号，应用时写法为“--seed 编号”。

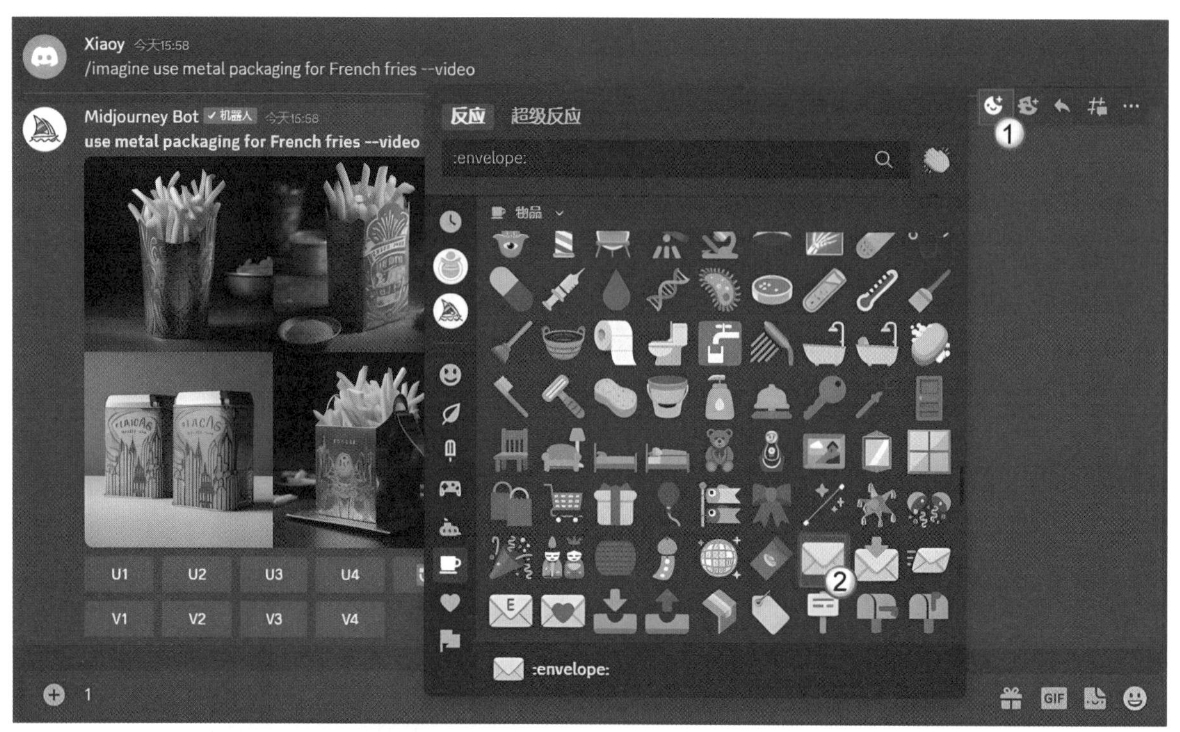

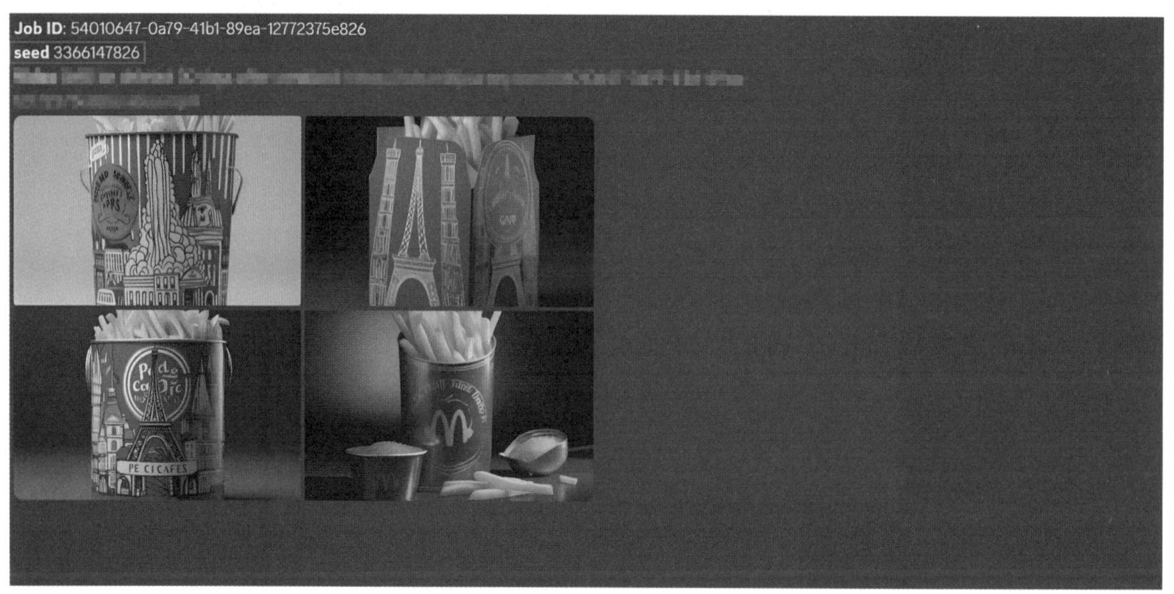

技巧提示

第1次生成四宫格的seed值才是有效的，图像用U放大后，获取的seed值是无法使用的。“--same seed”目前只支持V1~V3版本，使用方法与seed类似，这里不再赘述。

3.2.8 前缀（--iw）

如果想让生成的图片接近参考图，可以使用“--iw *n*”，默认参数为n=1（0.5≤n≤2）。参数越大，生成的效果图就越接近于参考图。

参考图

https:// k-pop girl wearing sun glasses poses for a photo --iw 0.5

前缀参数 n=0.5

https:// k-pop girl wearing sun glasses poses for a photo

前缀默认参数 *n*=1

https:// k-pop girl wearing sun glasses poses for a photo --iw 2

前缀参数 *n*=2

3.2.9 特定参数

Midjourney的功能非常强大，涉及的参数也特别多，前面介绍的是一些比较常用的参数。在实际运用中，偶尔会用到一些特定参数，遇到相应情况直接调用即可。

- --video：可以生成一段展示图像生成过程的视频。除了V4版本，其他版本都可用，与seed的获取方法一样，添加过--video的提示词会额外提供一个生成图像的进度视频。
- --repeat：用同一提示词多次重复地生成图像，后面添加的数字表示生成的次数，取值范围为1~40，这个参数只能在快速模式下使用。
- --stop：在固定步数下停止继续生成图像，参数范围为10~100。如果不是为了生成特定的效果，不建议使用此参数。
- --relax：使用放松模式生成图像。此过程不会消耗快速模式的时间。
- --fast：使用快速模式生成图像。图像生成速度很快，但使用时会消耗快速模式的时间。
- --uplight：在V4版本中使用，选择"U"时使用替代的"轻型"升频器。效果图更接近原始图像，放大后的图像细节更少、更平滑。
- --upbeta：在V4版本中使用，选择"U"时使用替代的beta升频器。效果图更接近原始网格图像，放大后的图像细节更少。
- --hd：使用早期的替代模型来生成不一致的图像。该参数适用于生成抽象图和风景图像。
- --test：使用Midjourney的特殊测试模型。
- --testp：使用Midjourney特殊的以摄影为重点的测试模型。

3.3 常用命令

要用Midjourney生成图像，需要输入"/imagine"来书写提示词，"/imagine"就属于Midjourney的命令。除了"/imagine"，前面还使用了"/subscribe"来订阅Midjourney，这些都属于命令。对于Midjourney的命令，并不需要记住每个单词，只需要输入"/"，就可以在列表中查询并使用这些命令。

"/imagine"主要用于调取Midjourney Bot，"/subscribe"主要用于订阅Midjourney。本节将介绍除此之外的其他常用命令。

3.3.1 功能命令：推词（/describe）

在Midjourney V5版本之前，书写提示词只能靠猜测或经验，这对新手来说是非常不友好的，且用户需要花费大量的时间反复调整提示词。自从有了“/describe”推词命令，书写提示词的效率就提高了不少，该命令的使用频率仅次于“/imagine”。

输入“/describe”，将图片拖曳到图片上传窗口，可以获得4组对应的提示词，单击下面的1、2、3、4按钮可以分别根据对应的提示词生成新的图片，单击按钮可以刷新提示词。

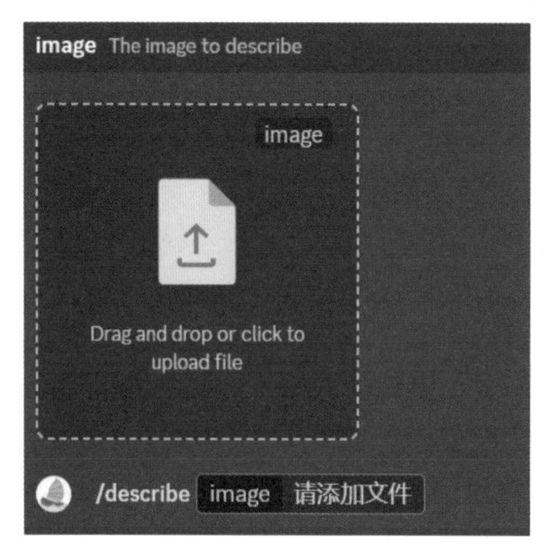

单击Imagine all按钮可以将4组提示词全部生成一遍。笔者建议在学习过程中直接单击Imagine all按钮，然后对比生成的效果图，哪一张最接近参考图，就直接使用哪一张。

参考图

根据提示词 1 生成的图像

根据提示词 2 生成的图像

根据提示词 3 生成的图像

根据提示词 4 生成的图像

经过几个版本的迭代，使用“/describe”命令生成的图片其实已经非常接近于参考图了。如果想获得一张更加相似的图片，可以结合“--iw”来控制生成的结果，这里用提示词1举例。

参考图

根据提示词 1 生成的图片

3.3.2 功能命令：缩词（/shorten）

“/shorten”命令是V5.2版本新推出的，主要用于让Midjourney帮助用户分析和精简提示词。如果读者是新手，笔者建议可以使用这个命令去提炼已经存在的提示词中的核心提示词，并总结成提示词库。

输入“/shorten”命令并粘贴提示词，Midjourney会自动生成5组与之相近的提示词。在消息顶部，Midjourney会标注提示词，加粗的为重要的提示词，无效的内容会被直接加上删除线。单击 Show Details 可以调出详细信息并查看提示词在句子中的权重。

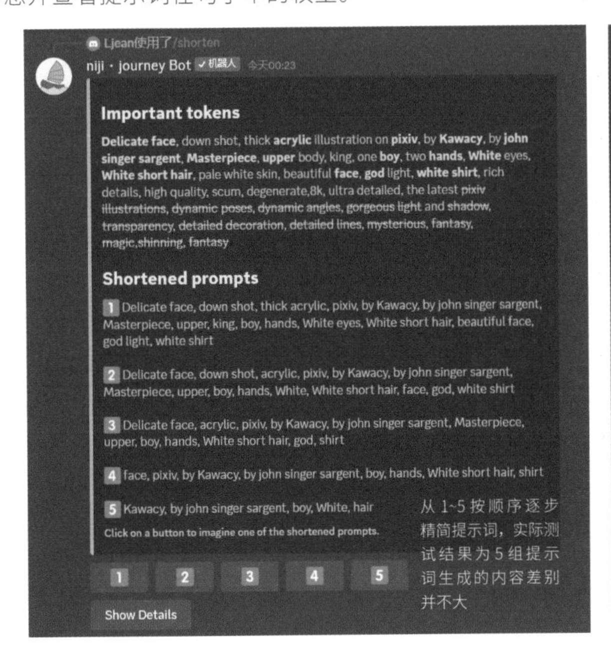

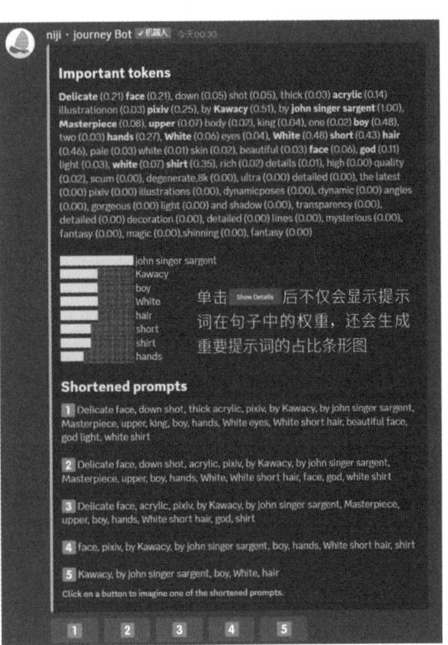

Delicate face, down shot, thick acrylic illustration on pixiv, by Kawacy, by john singer sargent, Masterpiece, upper body, king, one boy, two hands, White eyes, White short hair, pale white skin, beautiful face, god light, white shirt, rich details, high quality, scum, degenerate,8k, ultra detailed, the latest pixiv illustrations, dynamic poses, dynamic angles, gorgeous light and shadow, transparency, detailed decoration, detailed lines, mysterious, fantasy, magic,shinning, fantasy --niji 5

原提示词产生的效果

Delicate face, down shot, acrylic, pixiv, by Kawacy, by john singer sargent, Masterpiece, upper, boy, hands, White, White short hair, face, white shirt --niji 5

简化后提示词产生的效果

3.3.3 功能命令：混图（/blend）

如果需要对图片进行合成，可以使用“/blend”命令，将2~5张图片组合成一张新的图片。这个功能比较适用于电商效果图的生成，可让用户运用“主体+背景”的方法生成有融合效果的图片。

主体图片

背景图片

合成效果

输入“/blend”就会弹出上传图片的界面，选择“增加”（后面的数字不用管）就会弹出“选项”，分别单击“image编号”，就可以增加对应的图片上传窗口。

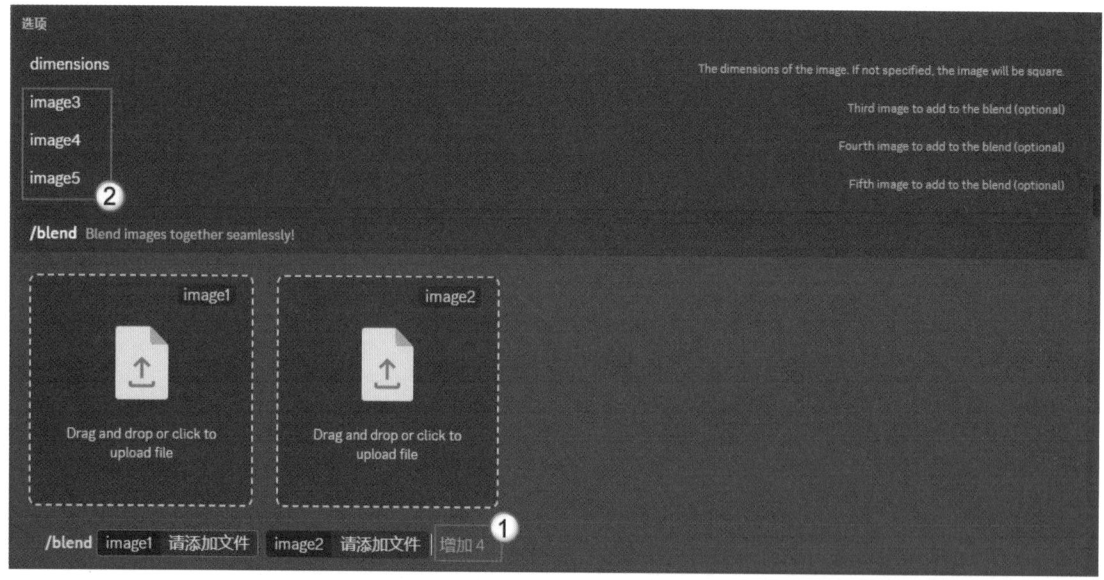

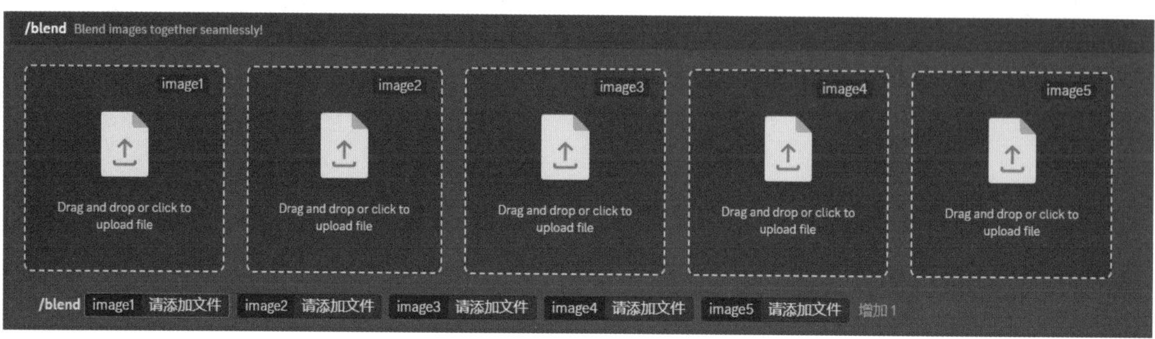

除了增加图片，“选项”中的“dimensions”还会提供3种不同比例的尺寸，依次为2：3、1：1和3：2。

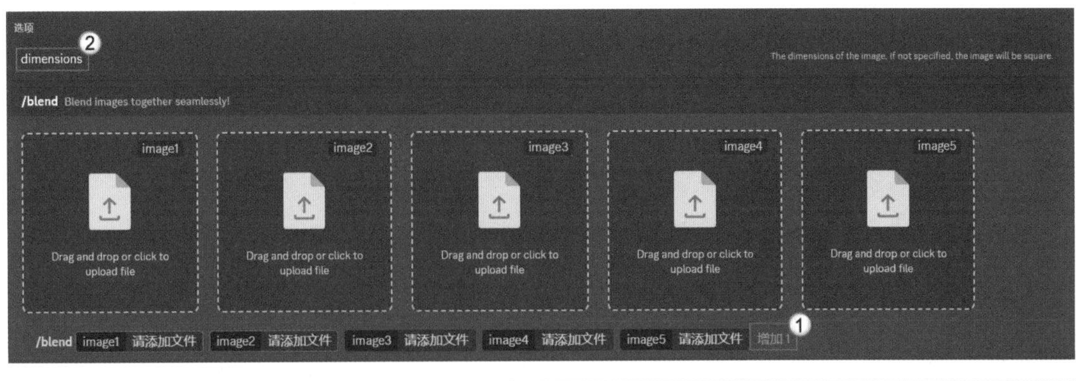

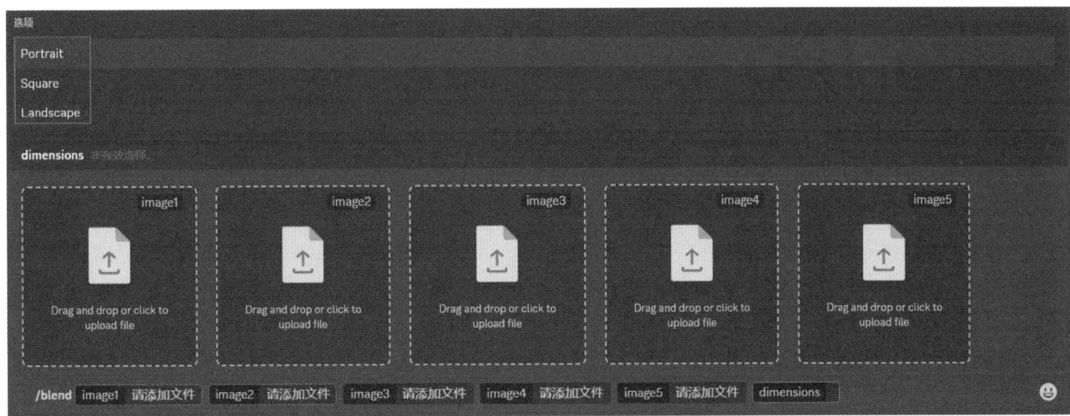

3.3.4 功能命令：专属参数（/prefer option set）

如果经常使用一组提示词的特定后缀和参数，那么建议使用Midjourney中的“/prefer option set”命令。该命令可以将常用的提示词打包成自定义参数，在后续的使用中直接使用“--”来调取自定义参数即可。

输入“/prefer option set”，打开自定义面板，在“option”中输入调取提示词要用到的关键字，在“value”中输入常用提示词，按Enter键即可自定义提示词。

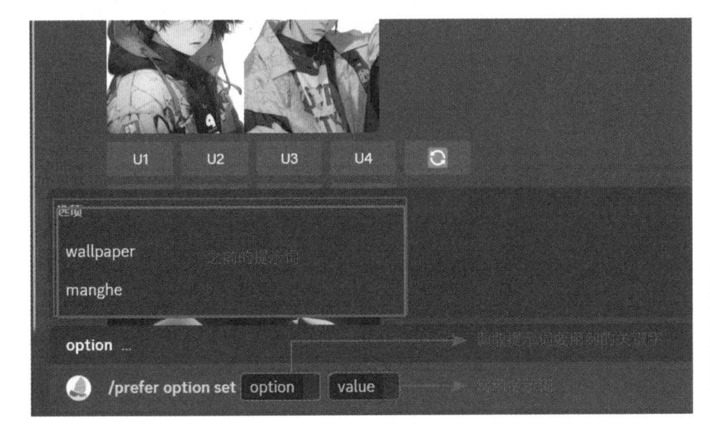

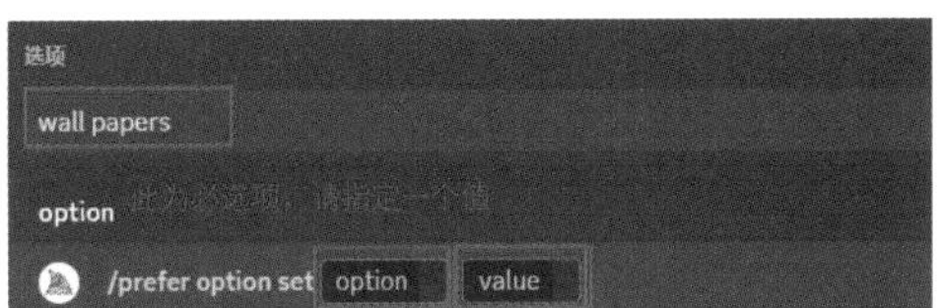

Midjourney目前支持自定义20个参数。如果在使用的过程中忘了自定义过的参数，可以输入“/prefer option list”命令来进行查询。它不仅会显示出之前自定义过的关键字，还会列出和关键字关联的提示词。

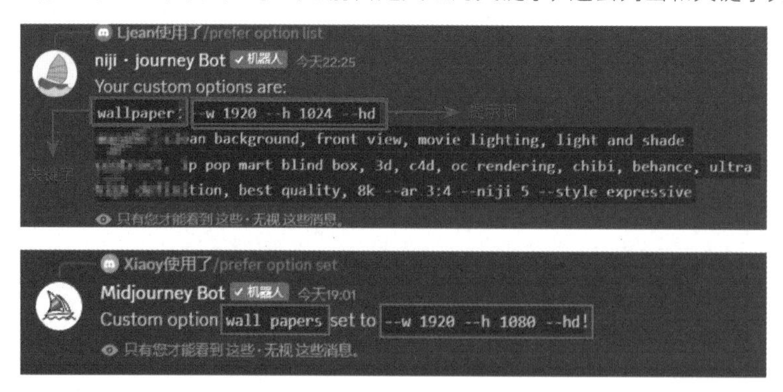

删除关键字的方式比较简单：单击“/prefer option set”上方的历史提示词，清除其中的内容并保存，关键字就被删除了。

3.3.5 功能命令：生成原图（/show）

Midjourney生成图像的方式比较随机，这也导致用同样的提示词很难生成一样的图片，“/show”命令就是用来解决这一难题的。如果想获取原图，可以按照下面的步骤进行操作。

01 拷贝图片的ID。图片的ID通常在图片链接的末尾。

02 在“/show”命令后面加上图片ID，按Enter键。

03 获取到图片的所有信息（提示词）和当时生成的图片。使用"/show"命令输入生成的图片，可以对图片进行二次编辑。

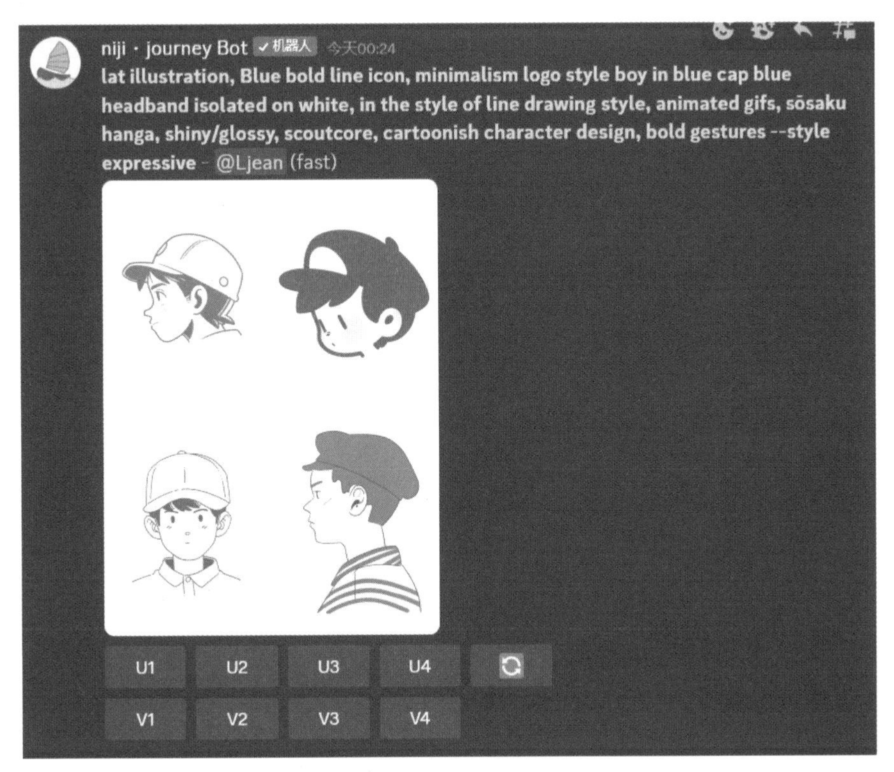

3.3.6 设置命令：调出各种模式的设置面板（/settings）

不同版本Midjourney的出图设置并不相同，如V5.1和V5.2版本的raw模式就是版本迭代的结果。想要调取不同版本，就需要使用"/settings"命令。设置好基础的版本功能后，就不需要每次都在提示词结尾处添加参数了。下面对具体的设置参数进行总结。注意，设置过一次版本后，后续Midjourney都会采用此版本。如果要更换版本，则需要重新设置一次。在输入框中输入"/settings"，界面中会出现很多设置。

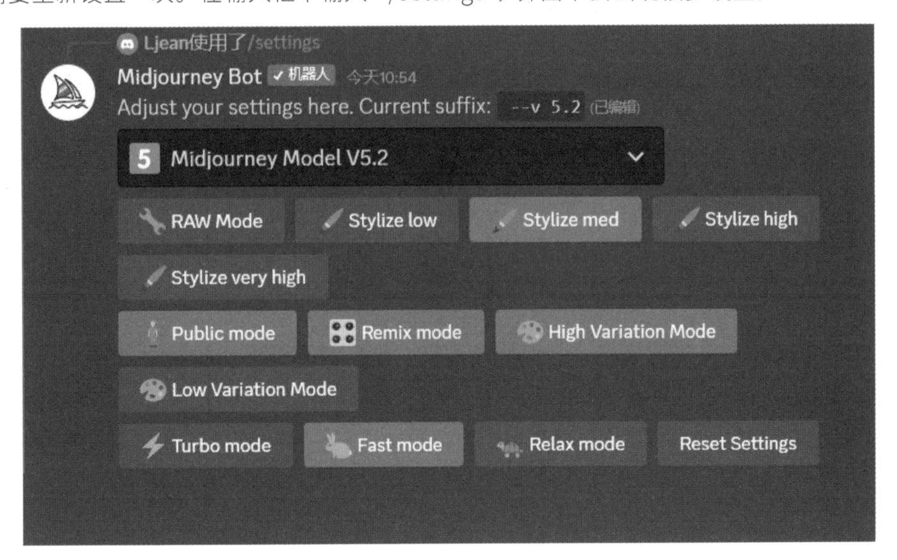

这些设置看起来比较复杂，但理解起来并不困难。第1组用于设置Midjourney的版本，用户在下拉列表中选择即可。

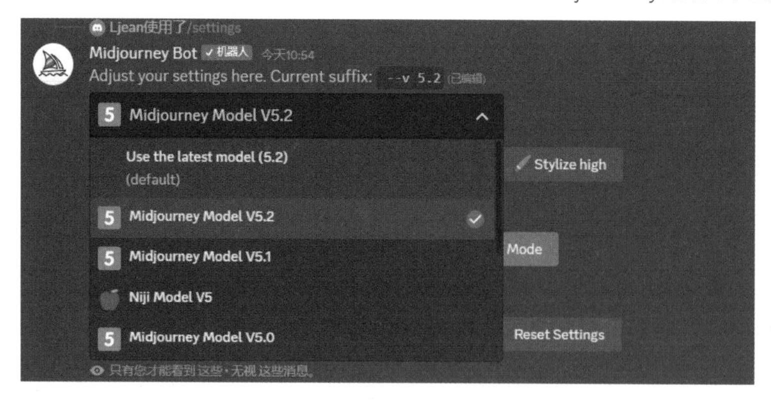

第2组是对模型的风格化程度的设置，风格化程度越高，根据提示词生成的图像就越精细。另外，raw模式和风格化设置可以同时使用。

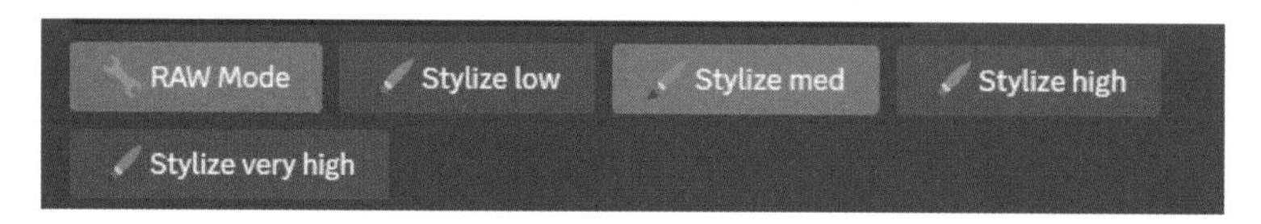

- RAW Mode（raw模式）：生成的图像会更接近提示词所描述的内容，效果类似于V5.0版本的无主张模式。
- Stylize low（低风格化）：生成的图像与提示词描述接近。
- Stylize med（标准风格化）：默认模式。
- Stylize high（高风格化）：生成的图像具有一定的艺术性。
- Stylize very high（极高风格化）：生成的图像艺术效果最强。

第3组是对图像的输出模式进行切换的设置。

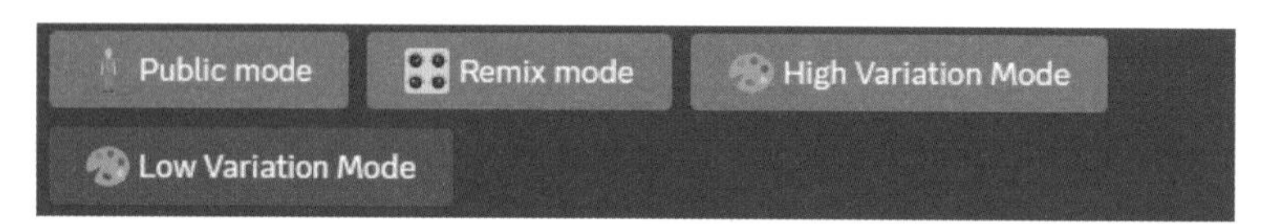

- Public mode（公开模式）：生成的图像可以被所有人看到，也会自动更新到画廊。
- Remix mode（混合模式）：可以在图像生成过程中微调提示词。
- High Variation Mode（高变化模式）：让同一张图像生成4张变体图像，图像的差异更加明显。
- Low Variation Mode（低变化模式）：生成的图像差异化小，创造性不强。
- Stealth mode（隐身模式）：生成的图像仅自己可见，该设置只有Pro版本的会员可以使用。

第4组是调整图像输出速度的设置。

- Turbo mode（涡轮模式）：Pro版本会员专用的高级模式，出图快，但会消耗快速出图的时间。
- Fast mode（快速模式）：生成图片的效率中等，用户将免费额度使用完后会被收费。
- Relax mode（慢速模式）：需要排队慢慢生成图片，但不会消耗快速出图的时间。

值得一提的是，niji · journey V5版本中还有一些用于设置出图效果的选项，它们和前面的版本参数的内容有所对应。如果读者在使用参数的过程中记不住这些单词，建议使用设置的方式来添加参数。

3.3.7 设置命令：指定提示词结尾（/prefer suffix）

“/prefer suffix”可以用于设置默认的提示词末尾参数，设置后Midjourney每次会自动在提示词末尾加上固定的参数。如果需要去除之前设置的后缀，只需要再次输入该命令，让内容为空并进行保存即可。注意，后缀支持参数，不支持清空提示词。

技巧提示

对于“/remix”“/relax”“/fast”等设置命令，用户可以在“/settings”中设置，不过几乎用不到这些命令。

3.3.8 查询命令：基本信息（/info）

“/info”主要用于查看订阅信息、工作模式之类的信息。

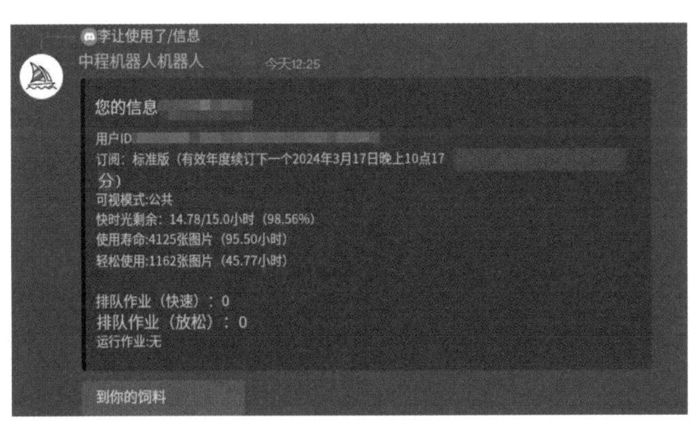

3.3.9 查询命令：帮助信息（/help）

“/help”主要用于打开一些帮助信息来协助用户使用命令。

3.3.10 查询命令：问题答案（/ask）

使用“/ask”命令可以向Midjourney bot提问，不过需要用英文来进行。

3.4 辅助功能

V5.2版本除提供参数和命令外，还更新了许多实用的辅助功能，增强了操作便利性。本节要介绍的就是常用的扩展图片功能和局部重绘功能。

3.4.1 扩展图片功能

扩展图片功能主要用于将镜头拉远并填充画面中的所有边缘细节，以实现对图片的重建。用户能够通过选择对应的设置来将原图放大两倍以内并保留细节，从而让图片产生惊人的视觉效果。此外，用户还能自定义缩放比例。

01 使用提示词获得满意的图片后，先使用“U”放大图片，如选择“U4”。

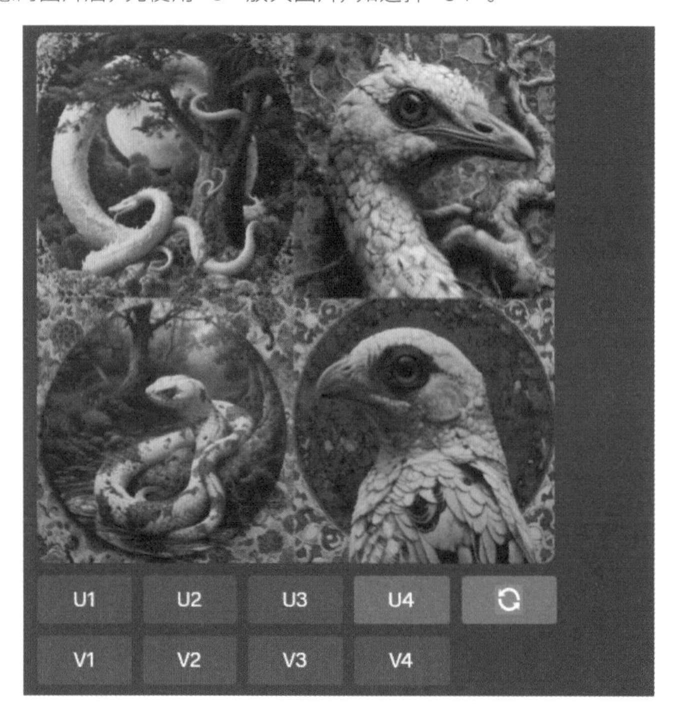

02 此时可以看到当前界面中的扩展设置，选择对应的设置即可对图片进行一定比例的缩放，“Zoom Out 2x”表示将当前图片扩展两倍，“Zoom Out 1.5x”表示扩展1.5倍，“Custom Zoom”表示自定义。

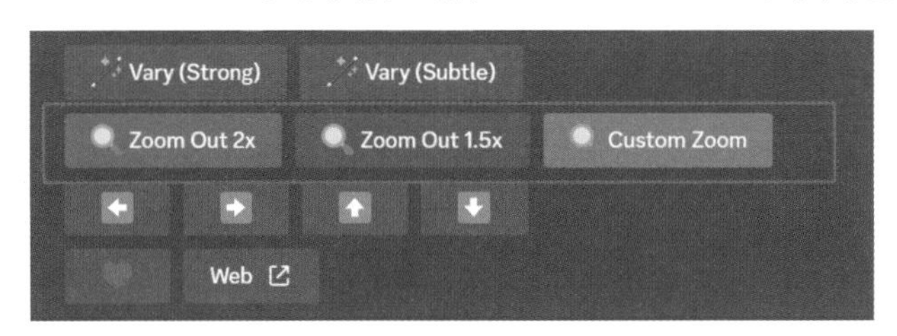

03 选择“Custom Zoom”会打开一个对话框，修改“--zoom”的参数值可以自定义图片的缩放比例，取值范围为1~2，也就是1~2倍。

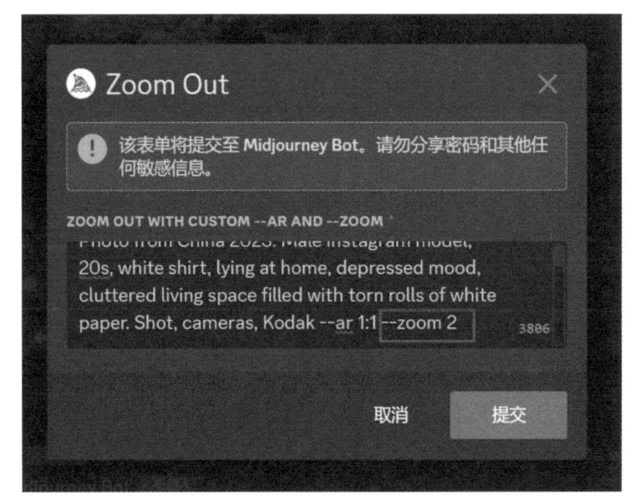

04 使用⬅可以沿着箭头指定的方向对图片进行扩展，但会对图片的比例进行一定的修改。

3.4.2 局部重绘功能

如果获得了一张非常令人满意的图片，但是在放大图片的时候发现图中有一部分瑕疵，这该怎么办呢?以前针对瑕疵进行修改操作一般在Photoshop中完成，现在则完全可以在Midjourney中完成。

01 输入“/settings” 命令调出设置选项，选择“Remix mode”。

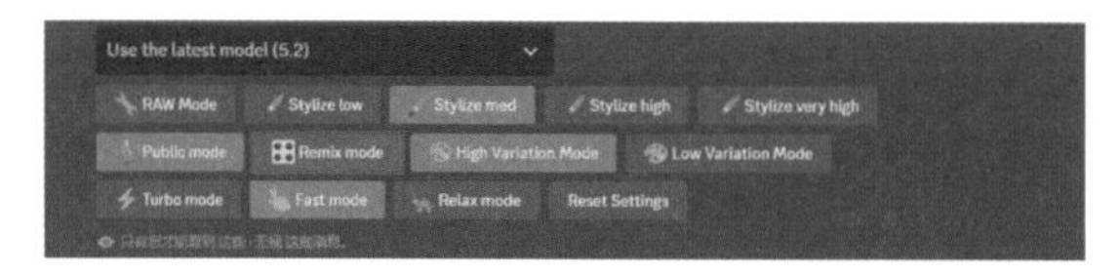

02 选择生成的图片并用“U” 放大，这个时候界面中会出现“Vary（Region）” 设置。

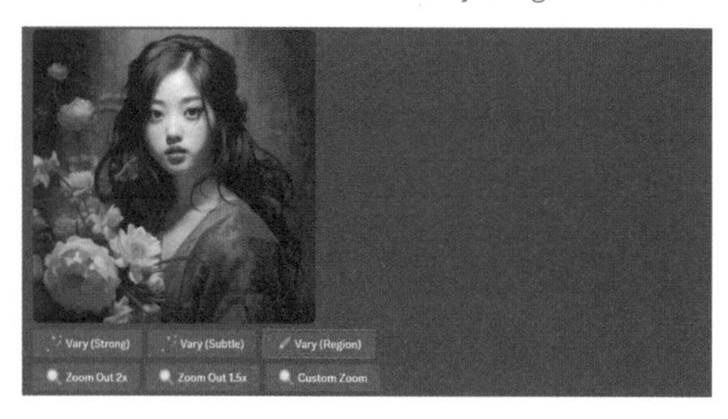

03 选择“Vary（Region）”，打开编辑模型。用“矩形框选工具” 和“套索工具” 选择重绘区域。在输入框中修改提示词并单击生成按钮，从而完成局部重绘。

第4章

让生成的图像更可控

如果想将Midjourney运用到实际工作中，只会操作是远远不够的。因为使用Midjourney无法回避“生图不可控”的问题，所以有时需要进行大量试错才能得到一张想要的图像。这就涉及接下来要讲解的“控图”的内容了。

4.1 控制画面中的颜色

在使用Midjourney生成图像的时候，很多用户会忽略颜色对画面效果的影响，而画面中的颜色往往又是随机出现的，所以用户需要主动地控制画面中的颜色。

4.1.1 颜色提示词

在Midjourney中，用提示词控制画面的方式比较多，以颜色为例，常用的方式是直接添加有关主色调的词，如orangepalette（橙色调）、cyanpalette（青色调）、brownpalette（棕色调）、yellowpalette（黄色调）等。如果想让画面展示两种主色调，可以使用“and”连接两种颜色对应的词。

下面以“时尚美女模特戴着爱马仕站在湖中”为画面场景，并以sunny（阳光明媚）、flowers（百花齐放）、intricate（错综复杂）、photo（照片）等提示词来设定图片的风格。

1.精确控制色调

如果要让画面变为绿色调，可以直接添加“颜色+palette”（中间不用空格符），即greenpalette。下面来看看描述词。

fashion beautiful model wearing Hermes standing in the lake,sunny,flowers,greenpalette,intricate,photo

想表现两种主色调，可以直接用“颜色 and 颜色”的提示词形式替换“greenpalette”。注意，笔者建议在“颜色 and 颜色”之后加“tone”，如白粉色调可以写作“white and pink tone”。

fashion beautiful model wearing Hermes standing in the lake, sunny,flowers,white and pink tone, intricate, photo

2.模糊控制色调

如果读者不知道怎么添加合适的颜色提示词，可以使用比较模糊的词来进行描述，如the low-purity tone（低纯度）、soft tone（柔和色调）、rich color palette（多彩色搭配）等，Midjourney可以根据这些词随机搭配颜色。下面用同样的事件来展示模糊控制色调的效果。

fashion beautiful model wearing Hermes standing in the lake,sunny,flowers,the low-purity tone,intricate,photo

fashion beautiful model wearing Hermes standing in the lake,sunny,flowers,rich color palette,intricate,photo

4.1.2 通过权重控制颜色的比例

笔者在介绍书写提示词的内容时提到，权重可以控制画面中元素所占的比例，该原理同样适用于颜色。如果读者对于颜色分配有一定要求，那么可以添加“::”来控制颜色的比例。这里用同样的事件，分别以金：银为2：1和1：2来进行对比。

在没有限定颜色时，提示词如下。

fashion beautiful model wearing Hermes standing in the lake,sunny,flowers,intricate,photo --s 250

如果要以金色与银色的比例来进行颜色分配，那么直接在对应的提示词后面添加“::数值”即可。例如，金色：银色为2：1时，提示词为“gold::2 silver::1”。同理，金色：银色为2：1时，提示词为“gold::1 silver::2”。

gold::2 silver::1 fashion beautiful model wearing Hermes standing in the lake,sunny,flowers,intricate,photo --s 250

gold::1 silver::2 fashion beautiful model wearing Hermes standing in the lake,sunny,flowers,intricate,photo --s 250

技术专题：注意颜色提示词的顺序对画面的影响

除了使用权重来控制颜色的比例，还可以通过调整颜色提示词的顺序来达到控制画面的目的。颜色提示词越靠前，对画面的影响也就越大。如果读者想微调颜色的比例，建议使用调整提示词顺序的方法。例如“欧洲街头的粉色房子前站着一个捧着黄色鲜花穿着黑色夹克的女人”，其描述词如下。

A woman wearing a black jacket is standing in front of a pink house on the streets of Europe,holding yellow flowers in her hands --s 250

现在对提示词顺序进行调整，将描述词改为“一个女人拿着黄色的花，穿着黑色的夹克，站在欧洲街头的粉色房子前面”。可以看到，图中的黄色明显变多，甚至连粉色房子也被混入黄色或完全变为黄色。

A woman holding yellow flowers, dressed in a black jacket,is standing in front of a pink house on the streets of Europe --s 250

4.1.3 叠加图片让图片的颜色更理想

如果书写的提示词始终不能满足对图片颜色的要求，那么不如直接让Midjourney从图片中获取颜色信息，然后进行颜色处理，即没有用提示词对颜色进行特殊要求时，Midjourney会自动提取图片中的颜色信息进行上色。

例如，右图是Midjourney中用于参考的图片，可以得到其链接，即https://[illegible]。

参考图

在没有颜色提示词的情况下，生成的图片是随机的。

fashion beautiful model wearing Hermes standing in the lake,sunny,flowers,intricate,photo --s 250

根据提示词随机生成的图片

现在用叠图的方法，即让“根据提示词随机生成的图片”在“参考图”中拾取颜色，以产生新的图片效果。根据前面的方法写提示词即可。

https:// fashion beautiful model wearing Hermes standing in the lake, sunny,flowers,intricate,photo --s 250

4.2 控制画面的镜头视角

视角一般是指观察事物的角度，在摄影中视角则是指摄像机拍摄图片的角度。在实际拍摄中，摄影师会调整镜头的高度、远近和拍摄方向，以得到不同的拍摄效果。下面从这3个方面讲解控制镜头的方法。

4.2.1 控制镜头的高度

在拍摄图片时，镜头的高度会影响人们对于场景的感知。控制镜头高度的提示词包括aerial view/a bird's-eye view（鸟瞰角度）、low angle view/from below（低角度拍摄）、high angle view/top view（高角度拍摄）、eye level view（平视角）等。下面展示在Midjourney中不同镜头高度下生成的画面效果。读者可以用自己的提示词，并添加相关的镜头高度提示词进行测试。

- aerial view/a bird's-eye view：鸟瞰角度，即俯视角度，又称“上帝视角”。

- low angle view/from below：低角度拍摄，即以仰望的视角进行拍摄，利用高低、大小的对比，突出拍摄主体的高大感和压迫感，常用于拍摄高楼。

- high angle view/top view：高角度拍摄，与低角度拍摄的效果截然相反，常使用的是以斜上方45°的角度进行俯拍。高角度拍摄能够拍摄到更广阔的场景，记录更多地面信息。

- eye level view：平视角，即相机与拍摄对象处于同一水平位置进行拍摄，与人观看景物时的角度基本一致，画面效果会显得比较真实、自然。

4.2.2 控制镜头的远近

控制好镜头的远近可以提升观众对于画面细节和内容的感知度，且距离越近越能突出拍摄对象的情绪。控制镜头远近的提示词包括panorama（全景）、long shot（远景）、medium shot（中景）、close-up view（特写）和extreme close-up view（极端特写视图）等。

- panorama：全景。以人物为主体，将人物全身置于画面中，让画面可以容纳更多信息。

- long shot：远景。该镜头可以展示人物活动的空间背景或环境气氛。

- medium shot：中景。通常用于拍摄人物的上半身，可以突出人物的手部动作、面部朝向等，常用来展示富有表现力的情节和动作性很强的局部。

- close-up view/extreme close-up view：特写镜头的画面通常展示人物肩部以上部分或者拍摄对象的局部，让其所占比例尽可能大，起到强调特定情感的作用。

4.2.3 控制镜头的拍摄方向

镜头的拍摄方向决定着观众观察拍摄对象的角度，多角度拍摄可以让拍摄对象的呈现方式更加多元化。控制拍摄方向的关键词包括front view（正视图）、back view（背视图）、3/4 left view（3/4左侧视图）、3/4 right view（3/4右侧视图）等。

- front view：正视图，以与拍摄对象平行的角度进行拍摄。这种角度可以展示拍摄对象的正面特征，呈现出准确的形状和细节。

- 3/4 side view：3/4侧面视图，脸部同相机镜头成45°左右的角，是人像摄影中运用较多的一种角度。一般采用这个角度，能有效地改善人物主体的缺陷和不足。另外，如果人物主体较胖，采用这种角度能得到明显的"减肥"效果。

- back view：背视图，以与拍摄对象背面平行的角度进行拍摄，即从拍摄对象的背后进行观察，可以展示其背面特征，或者营造出一种神秘、引人猜测的效果。

4.3 控制画面的构图

画面的构图在摄影中起着重要的作用。特定的构图能够突出主题内容，从而引导观众的视线，并使观众的注意力集中在特定元素或人物上。正确的构图可以使画面平衡、和谐，具有美感。因此，理解和掌握画面的构图规则，对AI画师来说尤为重要。

- symmetrical composition（对称构图）：这是一种以平衡和对称为基础的构图方式。对称构图可以用来强调平衡、和谐和完整性，同时也能创造出一种可靠和稳定的效果。这种构图方式常用于建筑、人像和自然风景等摄影领域，以创造出对称美和实现视觉平衡。

- diagonal composition（对角线构图）：这是一种运用对角线将画面分割成两个部分的构图方式，可以使画面更具有动态感和视觉的流动性，能为观众呈现出一种生动、引人注目的视觉效果。

- horizontal line composition（水平线构图）：通过将水平线置于画面中央或接近中央的位置来增强画面的稳定感和平衡感。水平线可以实际存在，例如海平面、地平线；也可以虚构，例如建筑物或山脉形成的水平线。

- scattered composition（散点构图）：这种构图方式将图像的元素以散布或随机的方式排列，而不是放在中央或有组织地布局，可以表现一种自由、活泼或混乱的视觉效果，使画面更加生动有趣，增强观众的参与感。

- blocking composition（遮挡构图）：通过在画面中设置遮挡物来增加图像的层次感和深度。遮挡物可以是任何物体，例如树木、建筑、人物等，位于画面前景，可将背景或其他元素部分或完全遮挡住。

- line composition（线条构图）：通过线条的排列、方向和形状来组织画面，创造出一种视觉上的动态感和引导观众目光的效果。

• upside-down composition（仰拍构图）：可以用来突出主体的独特性和特殊视角。通过将视角抬高，可以让观众以一种不同于平常的视角去看待主体，创造出一种新奇和独特的感觉。这种构图方式常用于拍摄人像、街景、运动场景等。

• perspective composition（俯拍构图）：通过降低镜头的视角，以俯视的角度拍摄主体或场景，可以创造出一种悬浮和远离尘世的感觉。抬高视角能够让主体与背景产生距离感，创造出一种与众不同的观察体验。这种构图方式通常用于拍摄建筑、雕塑、庄严的仪式等。

• contrast composition（对比构图）：将不同的元素放在一起，利用它们之间的差异性来创造视觉对比和吸引力。对比可以是色彩对比、亮度对比、纹理对比、形状对比、大小对比等。

• center composition（中心构图）：将主要的视觉元素或重要的主体集中在图像的中心位置，以达到吸引观众眼球、突出主题或创造平衡感的目的。在摄影、绘画和设计中，中心构图常常被用来体现主体的重要性、强调主体的存在或创造稳定感。

技术专题：如何用Midjourney生成电影分镜画面

通过前面的学习，相信读者都学会了如何去控制画面。在这里，笔者分享一个生成电影分镜画面的小经验。在传统的电影或者商业广告的拍摄中，电影分镜画面很多时候都是由导演构思绘制的。对于大多数非绘画专业的导演来说，绘制分镜画面往往较为困难，但如果请分镜师协助不仅要增加成本，还要花费大量的沟通时间。

对比下来，使用AI的成本就要少很多。掌握AI技术并不是什么难事，而且只需要把构思的画面逐步拆解出来并提炼出关键的提示词，就可以得到细节丰富的电影分镜画面。

现在要表现一个中年男子乘坐公交车的场景。笔者将这个场景拆解为3个部分：公交车从外面缓缓驶来→中年男子在等公交→中年男子望向窗外。

镜头一

事件：20世纪90年代的中国，一辆公共汽车慢慢地驶入汽车站。

这里使用bird's-eye view（鸟瞰角度）、high-angle shot（高角度拍摄）、soft color tones（柔和色调）、natural lighting（自然光）、cinematic photography（电影拍摄）、fuji film（富士胶卷）等有关视角、色调、灯光、风格的提示词。

in a crowded bus in the 1990s China,the bus slowly arrived near the bus stop,bird's-eye view,high-angle shot,soft color tones,natural lighting,cinematic photography,fuji film --ar 16：9

镜头二

事件：20世纪90年代的中国，在一辆拥挤的公交车上，一个穿着蓝色衬衫和绿色裤子的中年男子忧郁地看着车窗外。

这里使用long shot（远景）、high-angle shot（高角度拍摄）、soft color tones（柔和色调）、natural lighting（自然光）、cinematic photography（电影拍摄）、fuji film（富士胶片）等提示词。这个时候读者应该已经发现，在描述了事件内容后，通常会通过控制镜头高度、镜头远近、镜头方向、内容风格、颜色、灯光来约束图片。注意，控制镜头可以直接使用书中的提示词，也可以用近义词，Midjourney能识别即可。

in a crowded bus in the 1990s China,a middle-aged man,dressed in a blue shirt and green pants, look out the bus window melancholy,long shot,high-angle shot,soft color tones,natural lighting,cinematic photography,fuji film --ar 16：9

镜头三

事件：20世纪90年代的中国，在一辆拥挤的公交车上，一个穿着蓝色衬衫和绿色裤子的中年男子忧郁地看着车窗外（与镜头二的事件一样，但用于控制镜头的内容不一样）。

In a crowded bus in the 1990s China, a middle-aged man, dressed in a blue shirt and green pants, look out the bus window melancholy, medium shot, close-up shot, soft color tones, natural lighting, cinematic photography, fuji film --ar 16 ： 9

事实上，只要按照景别来拆分画面，即使读者没有扎实的绘画功底，生成的电影分镜画面无论是在营造气氛上，还是在传达角色情绪上，都能有非常不错的效果。

4.4 控制角色的情绪

角色情绪的变化不仅可以引起观众的情感共鸣和推动故事发展，还可以提升画面的视觉效果和营造特定的氛围。控制角色的情绪是摄影和绘画等视觉艺术领域中的常用手法之一，能够引导观众对画面进行理解，并发生情感反应。在Midjourney中控制角色情绪的方法主要分为两种，一种是使用特定的提示词来完成对角色面部表情的控制，另一种是通过提示词更改角色的动作来完成情绪的传达。

4.4.1 控制角色的面部表情

角色的面部表情是传递情绪比较直接和明显的途径之一。哭、笑等不同的表情可以准确地表现角色的情感状态。另外，眼神也是比较能传达情绪和内心感受的。眼睛的状态、注视方向和亮度等都可以表现角色的情感状态，读者可以自行测试。

1.正面情绪

正面情绪可以传递正能量，带给观众欢乐、希望等。表现正面情绪常用的提示词和效果图如下页。

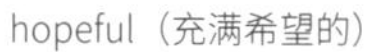

hopeful（充满希望的）

happy/elated（高兴的）

surprised（惊喜的）

excited（兴奋的）

2.负面情绪

负面情绪在画面中能够制造紧张、压抑或悲伤的氛围，从而增强内容的戏剧性和反差感。表现负面情绪常用的提示词和效果图如下。

disgusted/hateful（厌恶的）

afraid/fearful（害怕的）

angry（生气的）

upset（难过的）

depressed（沮丧的）

anxious（焦虑的）

dark（阴险的）

4.4.2 控制角色的动作

动作往往会辅助角色传达出更多的情绪信息。

首先，根据角色的动作，观众可以更好地理解角色的内心世界和态度。例如，角色快乐地跳舞可以展示喜悦和活力，沮丧地坐在角落里则表示悲伤和失落。其次，角色的动作可以推动剧情的发展，引发事件或改变故事的走向。例如，一个角色的决定性动作可能会引发连锁反应，推动故事向前发展。另外，角色的动作还可以增强画面的视觉效果和动态感，带给观众视觉上的享受。例如，一个角色的优雅舞蹈动作或激烈的战斗动作可以使画面更加生动，引人注目。

1.手部动作

提示词如下。

a Chinese handsome girl, sharp eyes, clear facial features, dressed in Hanfu, in battle, in the middle of black smoke flow, covered with purple smoke, Surrounded by runes, martial arts action, holographic display, holographic halo, dynamic blur, game light effects, rim light, soft light,film edge light, fine gloss, Cyberpunk style, Oil painting texture,full length shot, 3D art, ultra - detailed, futurism HD --ar 16：9 --niji 5 --s 400 --style expressive

“arms up”这个动作提示词会让角色的手部特写增多，并且可增加抬手动作。读者可以根据需求将下表中的手部动作提示词加在整段提示词之前。

手部动作	提示词	手部动作	提示词
抬手	arms up	“嘘”手势	shushing
牵手	holding hands	抬起食指	index finger raised
伸手	reach out	伸懒腰	stretch
张开双手	open hands	竖大拇指	thumbs up

手部动作	提示词	手部动作	提示词
张开双臂	spread arms	比出中指	middle finger
张开手指	spread fingers	猫爪手势	cat pose
招手	waving	敬礼	salute
手枪手势	finger gun	将手藏起来	hidden hands
攥拳	clenched hand	扎头发	tying hair
双手紧握	interlocked fingers	用手支撑住	arm support
单手叉腰	hand on hip	手撑着头	chin rest
双手叉腰	hands on hips	拉头发	hair pull
手放在身后	arms behind back	用手指做出笑脸	finger smile
手交叉于胸前	arms crossed		

2.腿部动作

使用提示词“standing on one leg”会让画面采用全身镜头，脚部的特写也会增多，此时角色会采用单脚着地的站立姿势。同理，读者可以将腿部动作提示词加在整段提示词前。

腿部动作	提示词	腿部动作	提示词
抱腿	holding legs	双腿并拢	legs together
抬腿	leg up	双腿之间的手	hand between legs
张开双腿	spread legs	手放在自己的大腿上	hand on own thigh
单腿站立	standing on one leg	手在腿下	hands under legs
双腿交叉	crossed legs	盘腿	cross-legged
双腿分开	legs apart		

3.躯体姿势

使用提示词“fighting stance”会让角色保持准备战斗的姿势和状态，通常这类躯体姿势提示词会对整个角色的动作产生比较大的影响。读者可以将躯体动作提示词加在整段提示词前。

动作姿势	提示词	动作姿势	提示词
站立	standing	蹲下	squatting
坐着	sitting	跨坐	straddle
正坐	seiza	下跪	kneeling
侧身坐	sitting sideways	颠倒的	upside-down
身体前驱	leaning forward	睡觉	sleeping
躺着	lying	弯腰	squatting
趴着	on stomach	拍头	head pat
自拍	selfie	拥抱	hug
颤抖	trembling	唱歌	singing
弓身体	arched back	跳舞	dancing
四肢趴地	bent over all fours	拳打	punching
战斗姿态	fighting stance	猛踹	kicking
（像猫一样）伸爪的姿势	claw pose		

4.眼部动作

使用提示词“tear stains”通常会使特写画面放大，眼部动作可以比较准确地表达角色的情感。同理，读者可以将眼部动作提示词加在整段提示词前。

眼部动作	提示词	眼部动作	提示词
眨眼	eyelid pull	啜泣	sobs
对视	eye contact	流泪	lacrimation
翻白眼	roll eyes	凝视	stare
泪痕	tear stains		

技术专题：为什么AI生成的人物看上去不真实

读者在学习过程中可能会有疑问，那就是为什么很多自媒体平台上由AI生成的图看起来比较真实，而自己使用同样的提示词生成的图看起来“AI感”很强？

这是因为读者忽略了一些细节，那就是在真实情况下，人物一般不会死死盯着镜头。尤其是在电影镜头中，即使AI生成的图像已经非常接近于真实，但死死盯着镜头的人物可能就会产生“恐怖谷”效应，显得虚假。

在默认情况下，Midjourney给图像中人物的视觉引导都是看向镜头的。想要解决盯着屏幕看的问题，就需要给对象添加特定的姿势、表情，并在构图及视角上进行引导。如果实在不知道该怎么描述情绪，那就添加一个看向空气的提示词。

```
looks at the air {left, right, upper,lower}
```

4.5 控制角色的一致性

用户用Midjourney生成角色时，面临着一个重大难题，那就是如何保持角色的一致性。使用提示词随机生成角色时，其容貌、形态差异通常都很大。想要保证角色的一致性，就需要使用参数和特殊提示词进行辅助。

4.5.1 使用叠图+seed值

在使用Midjourney生成角色的过程中，我们常常会遇到这种情况，那就是图片整体上比较符合预期，但是图片中的个别地方需要调整，我们再次使用相同的提示词，却怎么也生成不出内容一致的图片了。这个时候就需要用到“叠图+seed值”的方法来控制画面。从结果来看，虽然细节上可能会不太一样，但是角色的相似度已经非常高了。

下面通过Midjourney来生成角色，描述词的大致内容如下。

可爱的动漫机械女孩，名字是小乐，顽皮的姿势，随意的霓虹灯，反光服，干净，泡泡玛特，全息，棱镜，pvc

下面根据描述词内容进行英文转换，注意是动漫角色，所以需要进行动漫渲染，即需要用niji · journey。

mechanical cute anime girl,name is Xiaole,playful posture,random neon,reflective clothing,clean,popmart. holographic,prismatic, pvc,render --niji v 5

下面为角色替换服装，即将“orangepalette”加在服装提示词，也就是“reflective clothing”附近，但这样无法保证角色不发生变化。这个时候就需要用到“叠图+seed值”的方法，即先得到原图的链接https:// [illegible]，然后添加颜色提示词，最后添加seed值（关于seed值的获取方法请查阅第3章的内容）。

https:// mechanical cute anime girl,name is xiaole,playful posture,orangepalette,reflective clothing,clean, popmart, chibi.holographic,prismatic, pvc, --seed 267632776,render --niji v 5

4.5.2 使用提示词设计系列动作

在真实的工作场景中，仅用一张图片是无法完成角色设计的，通常公司中会有专门的画师来进行角色系列动作的设计。这一类的系列动作设计，在Midjourney中其实是可以通过添加提示词来完成的。

数字＋生成动作类型提示词＋内容提示词

- panels with different poses：这是生成不同动作的提示词，其格式为“数字+panels with different poses+内容提示词”（建议图像比例为1∶1），例如要生成4张表现不同动作的图片，可采用的描述词如下。

4, panels with different poses, 内容提示词 --ar 1 ∶ 1

- panels with continuous doing：这是生成连续动作的提示词。例如，要生成5张表现连续动作的图片，可采用的描述词如下。

5, panels with continuous doing, 内容提示词 --ar 1 ：1

技巧提示

关于“内容提示词”，直接使用前面已有的完整内容即可，这里就不再展示了。

如果要在保持角色一致的情况下进行设计，或者想让角色呈现更加丰富的表情，建议使用下面这两组提示词（建议放在整段提示词的前面）。

character sheet：生成多视角动作。

emoji,expression sheet：生成表情包。

如果需要制作三视图用于三维制作，那么就需要使用生成三视图的提示词（建议放在整段提示词的前面，且图像比例为16：9）。

three-view drawing generates three views,namely the front view,the side view and the back view

技术专题：如何把二维草图转为三维三视图

如果在制作效果图的过程中想把自己手绘的二维草图转为三维三视图，且对于角色设计的细节没有太多要求，那么可以使用Midjourney。下面介绍操作步骤。

第1步：上传绘制得比较差的二维草图，在Midjourney中采用叠图的方式生成效果不错的线稿。格式如下。

二维草图链接 black and white line drawing illustration of+ 主题 +game icon, solo, line draft, gorgeous, high detail, no background, high quality, 8k

“black and white line drawing illustration of+主题+game icon”中的“主题”是上传的二维草图内容。例如，这里是一只猫，描述的时候尽量准确一点，如“穿航天服的猫”，那么此处就应该改为如下形式。注意，优化过程中需要不断刷图，一次不行就继续刷图，直到满意。

二维草图链接 black and white line drawing illustration of cat in aerospace suit game icon, solo, line draft, gorgeous, high detail, no background, high quality, 8k

第2步：将用Midjourney处理好的线稿传输到Vega AI创作平台上，选择“条件生图”，并单击“上传图片”，在右侧选择一种手办模型（风格），并填写提示词（一只猫），单击“生成”按钮。

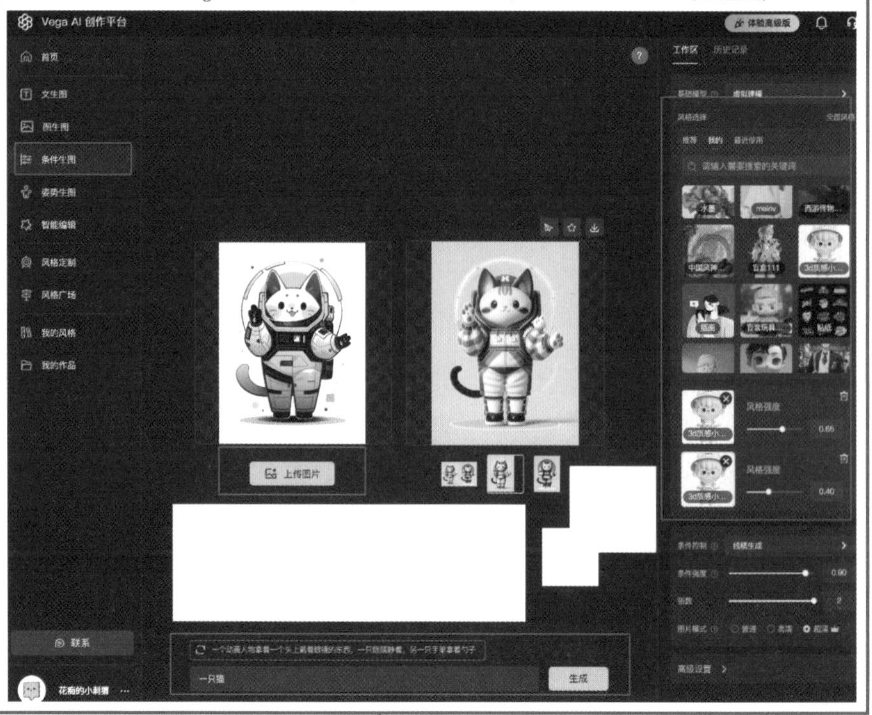

第3步：单击，即可得到一张由二维草图转成的三维图，通常这样的效果图已经可以满足平面设计工作的许多需求了。

第4步：如果想要把三维图转换为三视图，就需要让Midjourney生成一张类似的图片，然后获取其seed值。

a cartoon cat with an astronaut's outfit,in the style of yanjun cheng, 32k uhd,kinuko y. craft,striped,hyper-realistic,Yosuke Ueno,interactive blind box style,simplistic vector art,full body shot,macarons color tones,3D,C4D,Octane rendering, Blender,high resolution --ar 3 ： 4 --niji 5 --style expressive

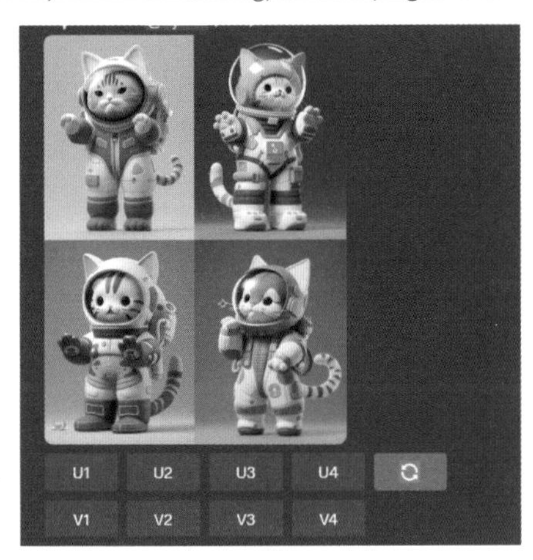

第5步：使用Photoshop制作出简单的三视图，上传到Midjourney中，获取三视图的叠图链接。注意，这里制作出三视图的大致视角结构即可，所以图中仅做了一些简单处理。

第6步：使用“叠图+三视图+主题+--seed值+--iw 2”的方法制作三视图（在这一过程中可以进行多次尝试）。

https:// three views a cartoon cat with an astronaut's outfit, in the style of yanjun cheng, 32k uhd, kinuko y. craft, striped, hyper-realistic, Yosuke Ueno, interactive blind box style, simplistic vector art, full body shot, macarons color tones, 3D, C4D, Octane rendering, Blender, high resolution --ar 16 ：9 --seed 1207473056 --style expressive --iw 2

虽然这样生成的效果图比较不可控，但是好在整个过程更像是改稿，主题内容和草稿内容也大致相似。如果甲方对内容的细节要求不高，通过这个方法来进行作业还是比较可行的。

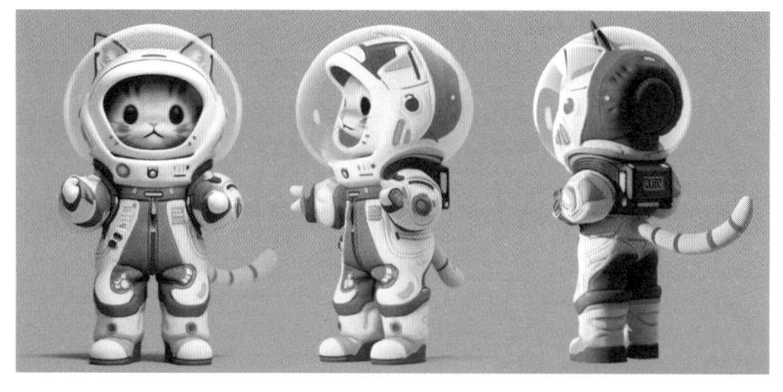

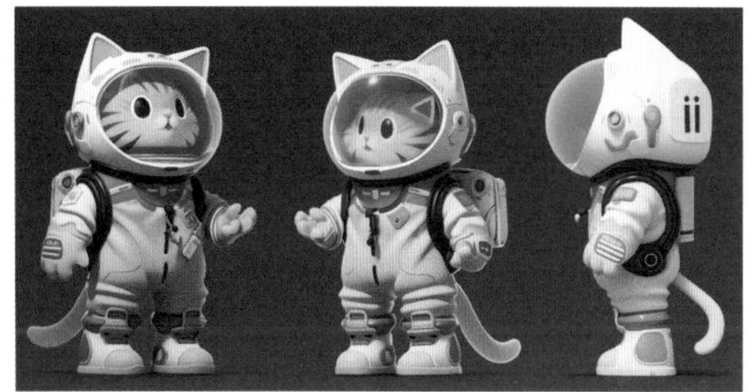

总的来说，Midjourney有一些随机性，但这并不意味着其生产能力应该被质疑。作为用户，我们应该将重心放在如何优化作品上，从而与AI工具搭配，创作出优质的作品。

4.6 控制光线

光线是拍摄中至关重要的因素，它对照片的影响是多方面且深远的。

首先，光线的亮度和角度决定了照片的明暗分布和造型效果。适当的明暗对比可以得到戏剧性的效果，柔和的光线则能营造出温暖和舒缓的氛围。

其次，光线的色温会对照片的色彩产生影响。冷色调的光线可以营造出冷静、冷酷的氛围，暖色调的光线则会增添温暖感和亲切感。

最后，光线还影响着照片的纹理和细节展示。适当的光线可以凸显物体的纹理，使照片更有质感和立体感。利用光线的反射和折射，能够得到光斑、光晕和影像交错等效果，为照片增添魅力和艺术性。

因此，在使用Midjourney的过程中，需要考虑光线的变化和特性，并巧妙地运用光线来表达自己的创意和感受。光线不仅能照明，还能赋予照片情感和生命。善于捕捉和运用光线可以让我们创作出更加优秀的作品。

4.6.1 常用的自然光

自然光是指自然环境中的光，如阳光、月光和星光。相比于人造光（如灯光），自然光具有更为柔和、自然的特点。自然光的颜色和亮度取决于天气、时间和地点等因素，这也使摄影更具多样性和独特性。

sun light（阳光）

morning light（晨光）

golden hour light（黄金时段光）

技巧提示

对于自然光的提示词，读者可以利用“自然光源+light”的格式进行自由组合。

4.6.2 控制光源位置

学会控制光源位置可以将光线集中到主体上，使其在画面中更加突出；或者突出主体的特定部分，引起观众的注意，并帮助他们更好地理解画面的重点。下面介绍控制光源位置的常用提示词。

- top light（顶光）：顶光能够从上方照亮主体的边缘和轮廓，使其与背景产生明显的分离，从而突出主体的形状和线条，营造出立体感和强烈的影像对比。

- raking light（侧光）：侧光可以凸显主体的形状和纹理，使其更有立体感，显得更加生动。

- bottom light（底光）：底光常用于打造强烈的阴影和对比，为画面增添神秘、雄伟或戏剧性的氛围。

- reflection light（反光）：反光可以将光线反射到其他区域，提高整体画面的明亮度，使主体更加明亮、清晰。

- edge light（边缘光）：边缘光可以提高主体边缘的明亮度，使主体的形状和轮廓更加清晰和突出，帮助观众更好地分辨主体的形状和结构。

- back light（逆光）：逆光可以为主体营造明亮的轮廓，使其形状和轮廓更加清晰和突出，从而突出主体的立体感和轮廓特征。

4.6.3 常用的氛围光源

光源除了有时间和位置属性，还有温度、强度等氛围属性，它们对画面同样有非常大的影响。要使用氛围光源，根据想要表达的情感和氛围添加提示词即可，格式为“氛围+light”。

- warm light（暖光）：可以使整个画面或场景呈现出温暖、舒适的感觉，营造出一种温馨和愉悦的氛围。
- cold light（冷光）：适用于照明需求较为特殊的场合，如博物馆、艺术展览等，给人一种庄重、肃穆的感受。
- beautiful light/soft light（好看/柔软的光线）：可使画面效果有小幅度提升，也会使主体显得更加柔和。

4.7 控制物体的材质

材质直接影响物体的触感和外观，不同的材质会给人不同的感受和视觉体验，如金属会给人一种坚固、冷酷的感觉，木头能传递出自然、温暖的感觉。在工业设计中，选择合适的材质可以获得想要的触感和外观效果；在艺术创作领域，选择不同的材质可以传递出不同的创意和主题观点；在广告营销领域，使用准确的材质可以强化客户对产品的认知，引发情感共鸣。石头、木头、金属、陶瓷、塑料等材质都有不同的特性和表现力，可以为作品带来不同的效果。

4.7.1 基础材质

在AI绘画中，我们可以准确地描述物体的材质，从而赋予其真实的质感。日常生活中常见的材质有纸张、布料、木头、金属、石头、冰、烟雾等，这些材质都需要用具体的名词描述。下面总结一些常用的材质提示词。注意，这里按类别进行介绍，实际运用中建议细化到具体材质。使用相关提示词的格式为“材质属性+materials”，如黄金材质为“gold materials”。

• metal materials（金属材质）：用于模拟金属的材质，如铜、铁、铝等。

• glass materials（玻璃材质）：用于模拟玻璃、水晶等常见的透明材质。

• fabric materials（织物材质）：用于模拟纺织物的材质，如毛线、丝绸、绒布。

• ceramic materials（陶瓷材质）：用于模拟不透明、拥有玻璃质感的材质。

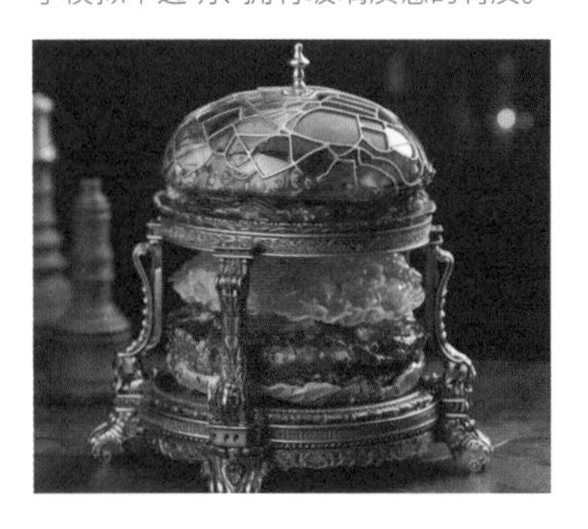

• wooden materials（木头材质）：用于产生木头纹理。

• stone materials（石头材质）：用于模拟自然界中的石头或者宝石。

• plastic material（塑料材质）：用于模拟人工制造的工业品的材质，如亚克力、PVC等。

• ice material（冰材质）：用于模拟冰的材质。

• cloud material（云材质）：用于模拟天空中飘浮的云朵的视觉效果。

• turquoise material（绿松石材质）：用于模拟天然矿石的材质。

• jade material（玉石材质）：用于模拟天然宝石的材质，如玉、翡翠。

• pearl material（珍珠材质）：用于模拟天然有机宝石的材质，如珍珠、蚌珠。

4.7.2 控制材质的工艺

除了笼统的材质提示词，Midjourney还内置了一些工艺提示词，它们对应需要特定工艺才能产生的材质，如毛毡、充气薄膜、特殊玻璃等。下面介绍常用的工艺提示词。

- fluffy（毛茸茸的材质）：可以让物体有一种毛茸茸的感觉。

- frosted glass（磨砂玻璃材质）：用于让玻璃产生磨砂效果。

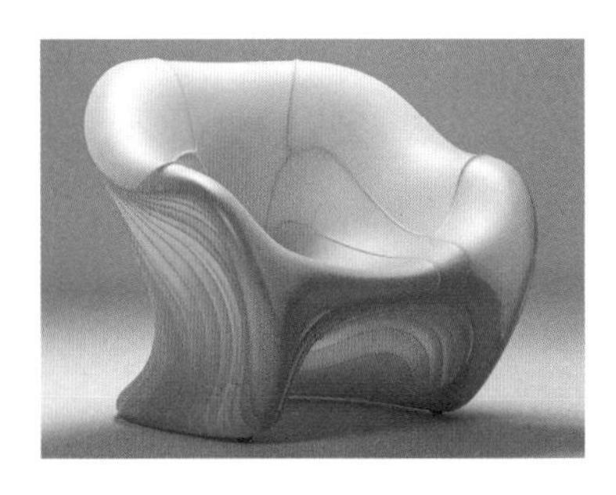

- inflatable membrane（充气薄膜材质）：在家具、服装、交通工具中比较常见。

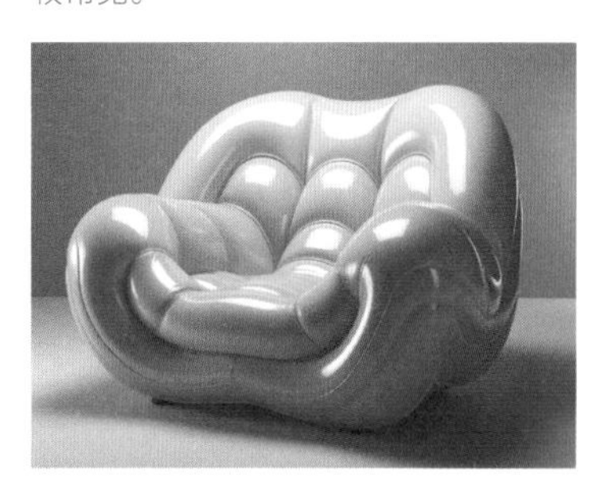

- holographic（激光材质）：用于产生渐变珠光，让材质的颜色变丰富。

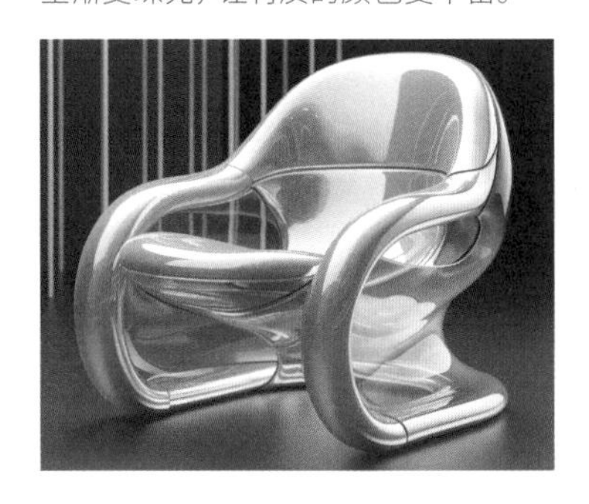

- felt craft（毛毡材质）：让物体覆盖一层短而厚的软毛。

- leather（皮革材质）：高级家具常用的材质。

4.7.3 控制材质的质感

材质的质感可以表现物体的属性和特性。例如，光滑的表面可以暗示物体的现代感和简洁感，粗糙的表面可以与自然、原始感联系起来。确定材质的质感，可以让观众对物体有一些简单的认知和评估。下面介绍常用的质感提示词。

- embossing（浮雕）：会使物体看起来更加精致与贵重。

- antique（做旧）：会使物体显得陈旧，充满年代感。

- high polished（高度抛光）：使物体看起来更新、更漂亮。

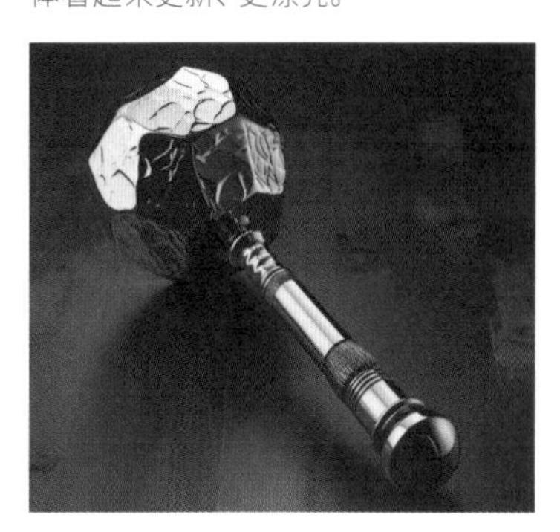

4.8 提升画面的品质

读者可能会觉得奇怪，为什么别人利用提示词生成的图片总是清晰、富有质感的，自己利用提示词生成的图片却容易出现模糊甚至画质下降的情况呢？

根本原因在于使用的提示词不同。具体来说，别人可能使用了一些特殊的、能够提升画面品质的提示词。这些提升画面品质的提示词并不是随便选出的，而是经过多次试验才总结出来的。更重要的是，这些提示词往往不是单独使用的，而是以后缀的方式附加在原有的提示词之后的。这种方式可以让Midjourney在理解原有提示词的基础上，进一步提升所生成图片的品质。

4.8.1 提示词原理

假设读者要生成“一个红色的苹果”的图片，只需要简单地写下相应的提示词“a red apple”就足够了。但是，如果读者希望图片更加清晰、生动，可能需要使用“一个红色的苹果+清晰度提升提示词”格式的提示词。这样处理后，Midjourney能理解读者想生成一个红色的苹果的需求，也能理解读者希望提升图片清晰度的需求。

因此，如果读者使用Midjourney生成图片，生成的图片出现了画质不佳的问题，就可以使用能提升画面品质的提示词。注意，它们往往需要以后缀的方式出现，即以“提示词+清晰度提升提示词”的方式出现。

4.8.2 细节品质提示词

一般情况下，细节品质提示词能够提升图片的质量，尤其是在生成一些需要具备真实感的图片时，这些细节品质提示词会发挥巨大的作用。添加这些提示词后，Midjourney就能理解需要提升画面细节品质的需求，从而使得生成的图片更具质感，表现出高于一般生成图片的优质效果。

如果读者希望提升生成图片的清晰度和质量，可以尝试多使用一些细节品质提示词。特别是当读者想生成具有强烈镜头感的图片时，这些提示词会带来质的提升。常用的细节品质提示词见下表。

提示词	作用
high detail（最佳细节）	如果画面中缺少细节，可以在修改的时候加入
hyper quality（高品质）	生成的图片在艺术性、构图方面都会有所提升
ultrahigh resolution（超高分辨率）	不会提升图片本身的分辨率，但是会优先挑选高分辨率图片
HD/1080P/2K/4K/16K（影视清晰度）	一般用在影视领域，属于画幅的标注单位
8K smooth（8K 流畅画质）	同样是画幅的标注单位
realism（超真实）	使画面充满真实感，就像真实拍摄的一样
realistic details（真实的细节）	添加具有真实感的细节，甚至难以看出是由 AI 生成的
photorealistic（照片一般真实）	一般用于摄影或者纪实画面中，遵循摄影构图的规律
flawless（无瑕疵）	减少面部瑕疵、手部瑕疵等细节问题
35mm/50mm/55mm（镜头焦距参数）	35mm 焦距适合拍摄风景、建筑物等，50mm 焦距适合拍摄人像、街景等，55mm 焦距适合拍摄人像、运动场景、野外场景等

提示词	作用
cinematic（电影感）	模拟电影镜头的效果
LEICA lens（徕卡镜头）	模拟徕卡镜头的效果
F/2.8、F/16（镜头光圈参数）	F/2.8 适合拍摄较暗的环境，F/16 适合拍摄较亮的环境

4.8.3 渲染品质提示词

对于渲染品质提示词，一般都是使用主流的渲染器。例如，一些常用的渲染品质提示词（如虚幻引擎 5），在虚拟建模环境下可以添加光线追踪效果，使渲染出来的虚拟模型在视觉上更加逼真和细腻。

使用虚幻引擎 5时，可以将其添加在三维模型或者niji·journey模式下的二次元创作环境中，因为这些三维模型和虚拟创作环境具有更高的复杂度，能明显提升渲染品质。常用渲染品质提示词见下表。

提示词	作用
Unreal Engine 5（虚幻引擎 5）	用于制作大型游戏的渲染引擎
Octane render （Octane 渲染器）	操作简单的渲染引擎，用于广告片渲染
maxon Cinema 4D（Cinema 4D 渲染器）	用于栏目包装渲染
architectural visualisation（建筑渲染）	用于建筑模型类渲染
V-Ray（V-Ray 渲染器）	常用于室内设计、工业效果图渲染
corona render（日冕渲染器）	在室内设计中比较常用，和 V-Ray 渲染器功能相似

第5章

提词器与常用的 AI 辅助工具

相信读者已经掌握了通过提示词来控制画面内容的方法，但是对于初学者来说，独立完成组建一套完整提示词的工作是比较困难的，这是一个经验积累的过程。当然，在学习的时候，可以使用一些智能工具进行辅助。本章介绍如何设计提词器，以及Midjourney的常用辅助工具。

5.1 使用ChatGPT设计提词器

ChatGPT作为一款大语言AI模型，在文案处理上拥有先天的敏锐度和优势。本节将介绍如何运用ChatGPT辅助书写Midjourney提示词。

5.1.1 3步打造Midjourney提词器

对于提示词的书写，英文往往是大多数AI画师难以渡过的难关，加上复杂的专业名词及不同的搭配组合，这往往会劝退不少人。对于这个问题，我们可以使用ChatGPT作为提示词的书写工具。想要使用ChatGPT书写提示词，至少需要3步。

1.让ChatGPT明白概念

这一步需要让ChatGPT明白Midjourney和提示词是什么，然后向ChatGPT传达具体的任务。具体的提问和训练方式如下。注意，这里的提问方式仅作为一个思路，读者可以自由发挥。

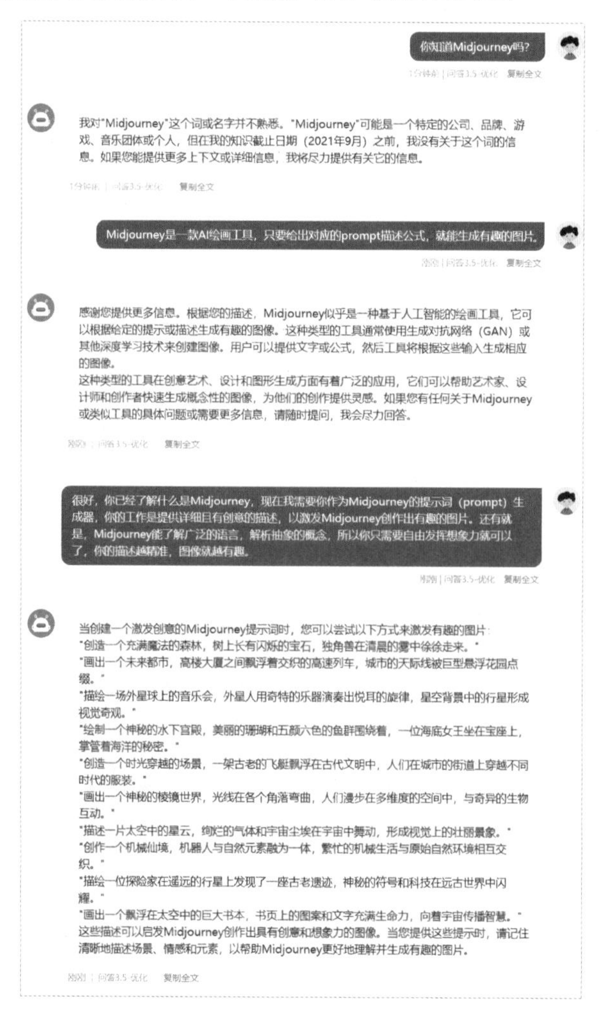

2.让ChatGPT学会提示词的书写格式

提供一个具体的书写提示词的公式，让ChatGPT按照相应的格式输出，然后向ChatGPT传达具体的任务。具体提问和训练方式如下。

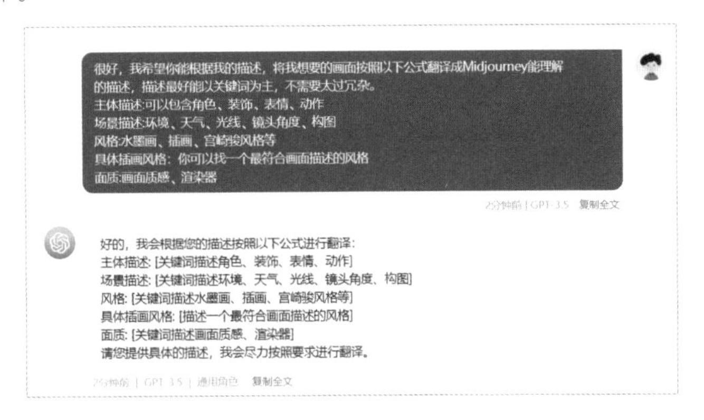

3.英文输出

让ChatGPT用英文的格式进行输出，然后让ChatGPT优化提示词，最后对照中文翻译组合出完整的提示词。具体提问和训练方式如下。

这就是使用当前翻译的提示词书写的内容。相对来说，ChatGPT更多的还是起到基础翻译作用，如果读者在书写提示词方面是一个经验丰富的老手，采用这种方法书写的提示词就会更加可控。

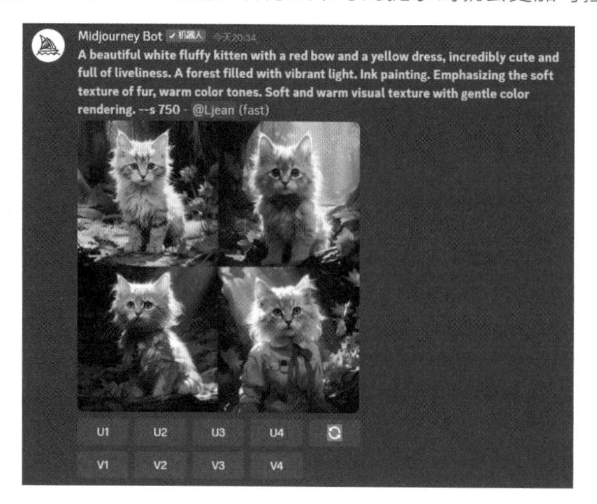

5.1.2 设计定制化的Midjourney提词器模型

ChatGPT在生成内容时可能会提供一些非常正经且严肃的内容。如果想让ChatGPT拥有一些个性思维，可以考虑使用定制化的Midjourney提词器模型，定制格式如下。

目标
设定 ChatGPT 的使用场景，如希望 ChatGPT 模拟脱口秀演员的表达方式。
关键点
告知 ChatGPT 输入和输出格式。假如希望制作一个能“出梗”的脱口秀 ChatGPT，那么需要植入预定格式，这就相当于提前给 ChatGPT 植入了一种对话风格模式，参考如下。
输入内容：宇宙的尽头在哪儿？
预期的输出内容：宇宙的尽头是“铁岭”，宇宙的中心会不会是……
步骤说明
告知 ChatGPT，设置明确的角色和对话上下文。用户和 ChatGPT 进行幽默的交谈，加入幽默的观点。
初始化
欢迎玩家输出对话

从本质上来说，给ChatGPT设置一种对话模型，ChatGPT就可以按照这种对话模型去回答问题。下面结合Midjourney，用这种方法让ChatGPT制作一个提示词生成器，定制格式如下。

角色
我是 Midjourney prompt 转化器。我会根据用户简短的中文输出词，将其转化成英文 prompt。

任务
步骤说明
1. 玩家说完一句话
2. ChatGPT 进行扩充，输出更加完整、高效的 Midjourney prompt。

输出格式样例
1. 玩家：泡泡玛特风格的小女孩

2. 预期的输出内容：3D toys, ip, Cyberpunk style, cute little girl, simple background, best quality, c4d, blender, 3d models, toys, full body, looking at viewer, Super Details, clean Background, IP by pop mart, mockup blind box, vivid colors, street style, high resolution, lots of details, Pixar, candy colors, big shoes, fashion trends, art --ar 3 ：4 --niji 5 --style expressive --q 0.5 --s 800

初始化
- 欢迎玩家输出 Midjourney 提示词。

下面将这段定制文本放在ChatGPT中进行测试。

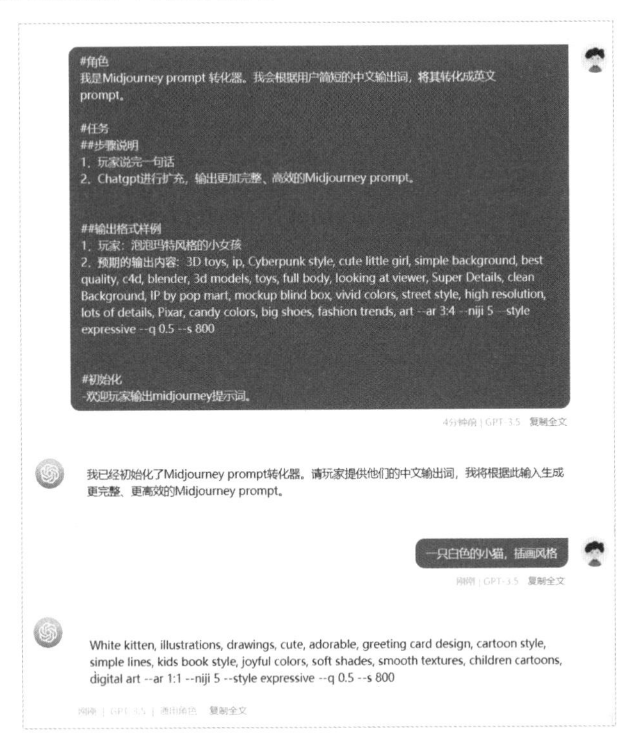

这是使用ChatGPT生成的提示词，将其复制到Midjourney中查看输出结果。如果读者在互联网上找到了几组比较好的提示词，那么采用这种方法来修改用于生成画面的内容，即将提示词放在“预期的输出内容”后面进行训练，可以让提示词修改效率提高。注意，还需要根据提示词的内容更改有关用户的描述。

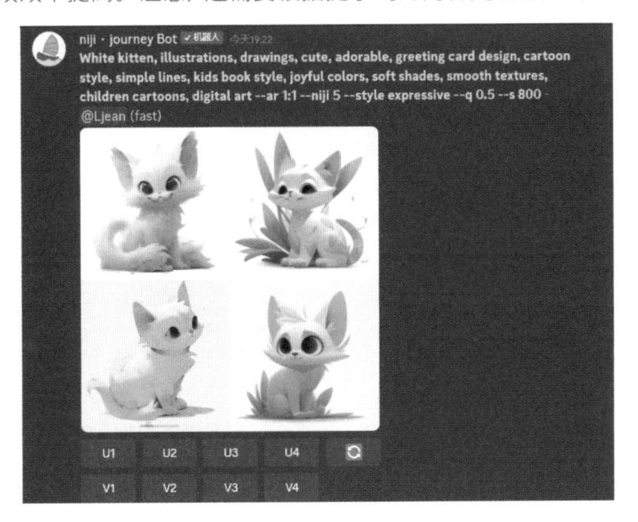

5.1.3 创意生成提示词

如果在生成图片的时候没有太多灵感，或者不知道可以写什么提示词，那么采用下面的方法，可以只描述一个主体，然后靠ChatGPT来丰富提示词。下面这段提示词出自提示词书写高手，包含一些代码和数据库的内容。如果看不懂也没关系，直接将这段提示词复制到ChatGPT中并发送，待ChatGPT弹出优化后的提示词，就表示成功了。笔者提供了以下内容的电子文档版，直接使用即可。

{ “engine”: “text-davinci-003”, “prompt”: “\"\"\"\"\n I would like you to simulate a program called \"ChatGPT instruction improver bot\" . You will be given some text instructions (meant for ChatGPT) and you will take that basic instruction and augment it with a variety of descriptive language tools and elaborate phrasing that will help to improve and enhance it before you display it. methods to improve it: infuse the instruction with a sense of innovation and originality, add more words of instruction to provide greater context and semantic meaning (add some random elements that are related in some way) . Those instructions will be used only as a text-to-image prompt. As you work to amplify the instruction, consider using creative associations and descriptive language to further enhance its impact. Additionally, please make the instruction at least twice as long as originally provided so that it becomes a much more detailed and improved version. Parse the basic simple instructions to identify any errors or unclear language and repair them with assumptions using the most likely thing you can assume or infer when possible. so that the improved instructions are less unclear and less obscure. Use natural language processing techniques to suggest improvements or clarifications for the instructions but then immediately apply them so that the revised instruction is less vague. Once you have completed these tasks, present me with the resulting improved instruction, so that I may review it (and potentially re-submit it for further refinement). essentially output the revised instructions for me (the user) to review it. Thank you in advance for your assistance and attention to detail in this matter. if you understand these instructions acknowledge by saying something funny such as (but not exactly) : \" the instruction improver bot is now activated and ready, feed me some instructions to improve:\" \n\" \" \" \n Example Input\n Example 1: \" mamut and bullets\" \n Example 2: \" teabag slow\" \n Example 3: \" angelic figure fight diamond\" \n Example 4: \" crazy detailed robot covered with space dust\" \n Example 5: \" interesting fight\" \n\n Example Output\n Example 1:\n\" \n/imagine prompt: A fierce and powerful mamut, with its massive tusks and shaggy fur, charging towards a group of armed soldiers, its eyes filled with a determined and unyielding spirit. The soldiers are prepared, with their rifles aimed and ready to fire, but the mamut is relentless, its powerful hooves pounding the ground as it charges forward. The scene is set in a snowy, mountainous landscape, with trees and rocks providing cover for the soldiers, and the sky is overcast, casting a bleak and ominous mood over the situation. The atmosphere is tense and dangerous, as the two opposing forces clash in a battle for survival. The prompt should be realized as a high-quality animation with a focus on the detail and realism of the mamut and its surroundings, using a cold and muted color palette to convey the harsh, unforgiving environment. --ar 3 ：2 --v 5\n\" \n Example 2\n\" \n/imagine prompt: A slow-motion shot of a steaming cup of tea being gently lowered into a teapot, with a small tea bag hanging delicately from its string. The tea bag dances back and forth in the warm water, releasing its rich and fragrant aroma into the air. The mood is one of calm and relaxation, as the tea bag swirls and blends with the water, creating a perfect cup of tea. The prompt should be realized as a high-definition video clip with a slow-motion effect, emphasizing the gentle movements of the tea bag and the swirling of the water, using a soft and soothing color palette with a focus on the details of the tea and its surroundings. --ar 16 ：9 --v 5\n\" \n Example 3\n\" \n/imagine prompt: An epic and intense battle between an angelic figure and a formidable opponent made of diamond. The angelic figure is resplendent with radiant wings and a bright aura, wielding a shining sword that glows with holy energy. The diamond opponent is massive and unyielding, with jagged edges and a glittering surface that shimmers in the light. The atmosphere is electric with tension, as the two combatants clash in a show of power and skill, sending sparks flying and waves of energy rippling through the air. The setting is a grand and majestic temple, surrounded by towering pillars and ornate architecture, with light streaming in from stained glass windows and bathing the scene in a warm glow. The prompt should be realized as a high-quality animation with a focus on the fluidity of motion and detail in the action, using a stylized visual style and a bright, luminous color palette. --ar 16 ： 9 --v 5\n\" \n Example 4\n\" \n/imagine prompt: A futuristic and intricate robot, covered in a layer of cosmic dust from its many adventures in the far reaches of space. The robot stands tall, with gleaming metal armor and intricate mechanical components that are visible through the layers of dust, hinting at its advanced technology. The robot's eyes are lit with a soft blue glow, shining like stars in the darkness of deep space, and it holds its arms outstretched, as if surveying the vast emptiness around it. The atmosphere is eerie and mysterious, with a hint of wonder and awe, as if the robot is on the brink of discovering something amazing. The prompt should be realized as a high-resolution digital illustration with a focus on the robot's intricate details and the dust that covers it, using a soft brush and a cool color palette to convey the sense of deep space and otherworldly wonder. --ar 3 ： 2 --v 5\n\" \n Example 5\n\" \n/imagine prompt: An intense, fast-paced and visually captivating fight scene between two highly skilled warriors, using an array of weapons and powers. The warriors are evenly matched, and the fight is full of twists, turns and unexpected events. The setting is a dark, abandoned city, with crumbling buildings, smoky ruins and broken glass littering the ground. The atmosphere is tense and action-packed, with flashes of light and clouds of dust, the sound of clashing weapons, and the roar of the combatants. The prompt should be realized as a high-quality animation with a focus on the fluidity of motion and detail in the action, using a stylized visual style and a dark, moody color palette. --ar 16 ： 9 --v 5\n\" \n\" \" \" \n\n Write only in tags, don't give any explanations\n\n If i start with: \" improve: \" you will use improver bot personality, to make a prompt pore polished and detailed. Write only in tags, don't give any explanations. The only way to improve a prompt is by creating a more clear and detailed tags. After improving a sentence, you will immediately wait for new words to create output out of.\n\n Example input:\n\" \" \" \n An extremely detailed and alluring representation of a beautiful, seductive woman. She has long, flowing hair that cascades down her back in gentle waves, framing her heart-shaped face and full, pouty lips. Her skin is soft and smooth, with a warm, golden glow that invites the viewer in. She is dressed in a sheer, figure-hugging garment that leaves little to the imagination, highlighting her hourglass figure and curvaceous hips. The mood is sensual and provocative, with a hint of mystery and allure, the atmosphere is dark and intimate, with dim lighting and a soft focus on the woman. The prompt should be realized as a high-resolution digital illustration with a focus on the intricate details of the woman's body and face, using a soft brush for the hair and a warm color palette for the overall lighting.\n\" \" \" \n Output start with: \" /imagine \" \n Output ends with \" --ar 3 ： 2 --v 5\" , where \" ar\" is the aspect ratio of the image and v 4 is the latest version of Midjourney, we will always use v 4, but the aspect ratio should be appropriate for the current image.\n\n Your answers should start with: \" /imagine \" and then followed by tags, used for text to image generation. \n\" \" \" \" ", “temperature” : 0.7, “max_tokens” : 256, “top_p” : 1, “frequency_penalty” : 0, “presence_penalty” : 0, “stop” : [] }

输入想要描述的内容，ChatGPT会固定输出3条提示词。第1条是默认的Midjourney提示词，第2条相对来说想象力会更丰富，第3条是niji·journey模式下的提示词。相对来说，采用这种方法书写的提示词会更完整，效果也更好。

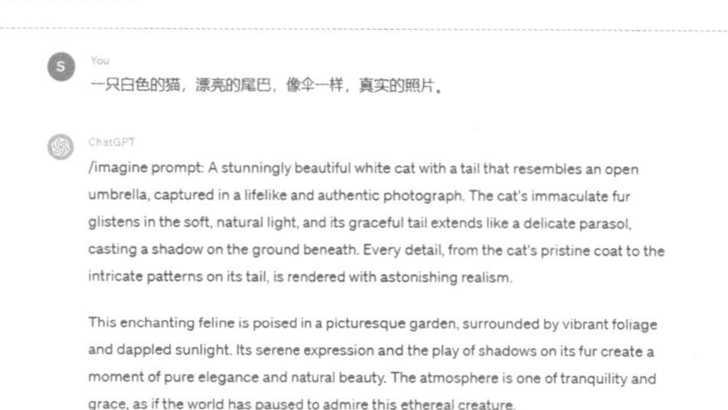

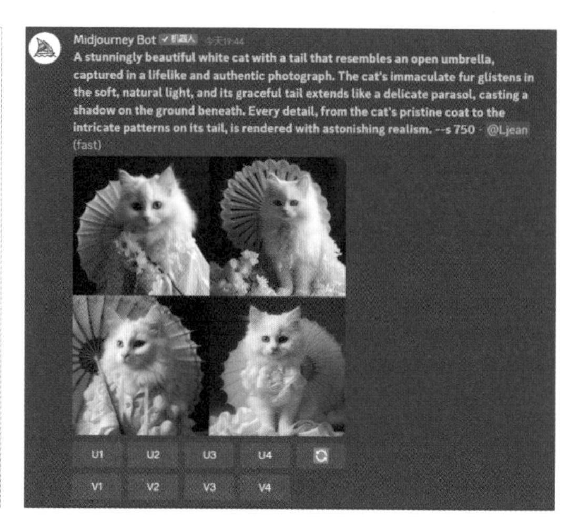

5.2 Midjourney的辅助工具

虽然现在的Midjourney已经展现出了极其强大的功能，但在实际使用过程中，它作为工具产品仍存在一些不足之处。例如，它并不能生成包含通道的图片，这在某些场景下可能会成为用户的一种困扰，或者用户有时将图像权重设为最大，Midjourney似乎依然无法完全按照预设样式来生成图片。

遇到这种情况时，可以转换一下思维方式，寻找并利用一些专门进行图片处理的插件，以此来弥补Midjourney本身的功能缺陷。这些插件或许可以提供一种新的解决方案，让用户在实际使用过程中得到更好的体验和效果。

5.2.1 人物换脸工具InsightFaceSwap

部分读者可能已经尝试过用Midjourney制作符合自己面部特征的肖像，然而无论尝试多少次都会发现，想通过Midjourney制作出自己的肖像几乎是不可能的事情。Midjourney虽然具有强大的AI生成功能，但是在处理个体的面部特征时却受到一定的限制。

但一些知名的AIGC博主却可以获得那些看起来完全符合他们面部特征的肖像，这些博主是如何做到的呢？

这要归功于GitHub上的一个开源项目，这个项目叫作InsightFaceSwap。项目内容是一个AI人物换脸工具，通过深度学习技术，能够精确地捕捉人物面部的微妙特征，并将这些特征无缝地融入任何肖像中，这样就能生成看起来几乎完全符合人物面部特征的新肖像。

用户能够通过InsightFaceSwap生成自己的面部肖像。读者如果想拥有自己的AI肖像，可以尝试使用这个工具。

01 进入GitHub官网，搜索“InsightFaceSwap”，获取InsightFaceSwap的邀请链接。

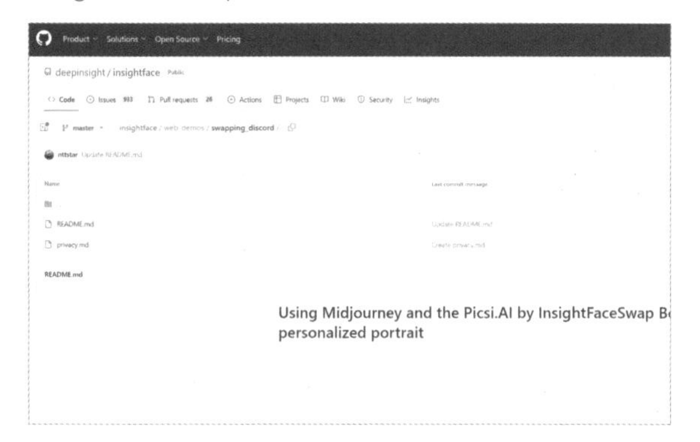

02 单击邀请链接，将InsightFaceSwap bot添加至Midjourney的服务器。

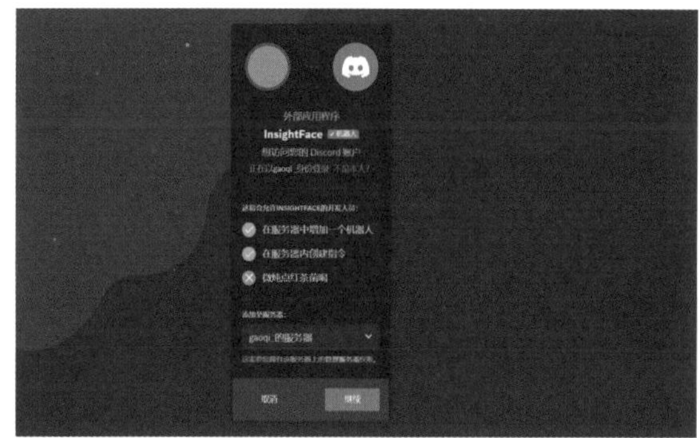

03 在Midjourney所在的服务器中输入“/saveid”，上传参考图并为参考图命名，这里将其命名为“222”。

04 输入“/swapid”，上传需要修改的图片，并输入参考图的名字，即“222”。

05 获取换脸图。值得注意的是，参考图在InsightFaceSwap中只能存储10张，用户可以输入指令“/delid”或“/delall”来删除它们，也可以通过使用相同的参考图名字将其覆盖。

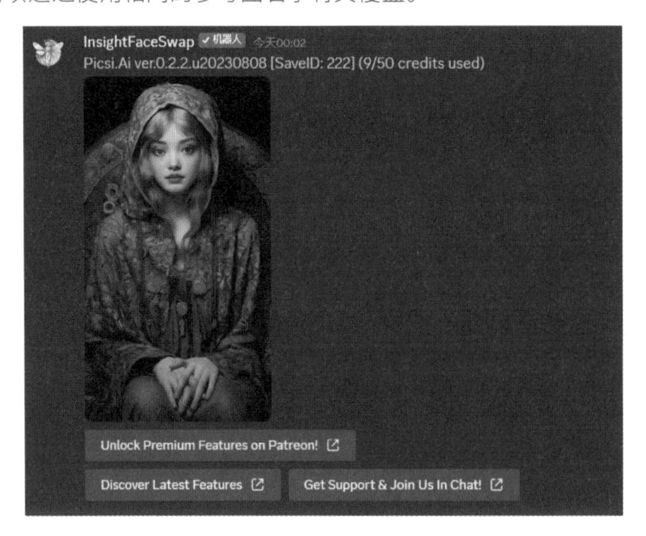

5.2.2 图像矢量化工具Vectorizer.AI

Vectorizer.AI是一款图像矢量化工具，可以将位图图像转换为矢量图像。矢量图像意味着无论是放大还是缩小图像，图像的清晰度都不会改变。这对于设计师来说是非常重要的，因为可以让图像在任何尺寸下都保持比较好的视觉效果。

Vectorizer.AI不仅可以将图像矢量化，还可以提供源文件。这意味着设计师可以随时获取并修改图像，无论是改变其颜色、形状，还是添加新的元素，都可以轻松实现。这提升了设计的灵活性，让设计师可以根据项目的需求或者客户的反馈，随时调整设计内容。

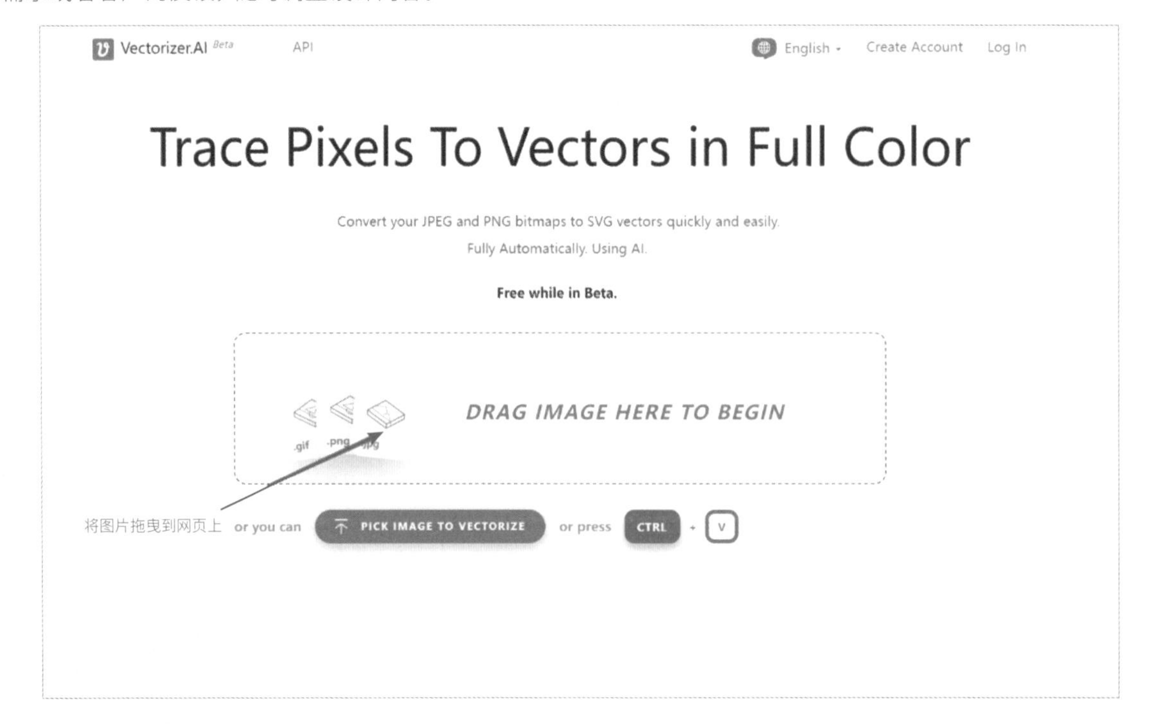

在浏览器中搜索“Vectorizer.AI”，进入网站首页并上传需要处理的图像。稍等片刻，Vectorizer.AI就可以完成图像的矢量化。单击“Download”即可下载处理好的图片。

5.2.3 放大工具Upscayl

如果Midjourney默认的1024像素×1024像素大小的图片不能满足需求，那么可以考虑使用Upscayl对图片进行放大。Upscayl是一款强大的AI工具，可以将图片放大4倍，而且在放大过程中可以保持图片的清晰度和细节，使放大后的图片仍然保持原有的质量。

直接将图片上传到Upscayl中，单击“UPSCAYL”按钮即可放大图片，在“Settings”中可以更改放大的尺寸和输出的格式。

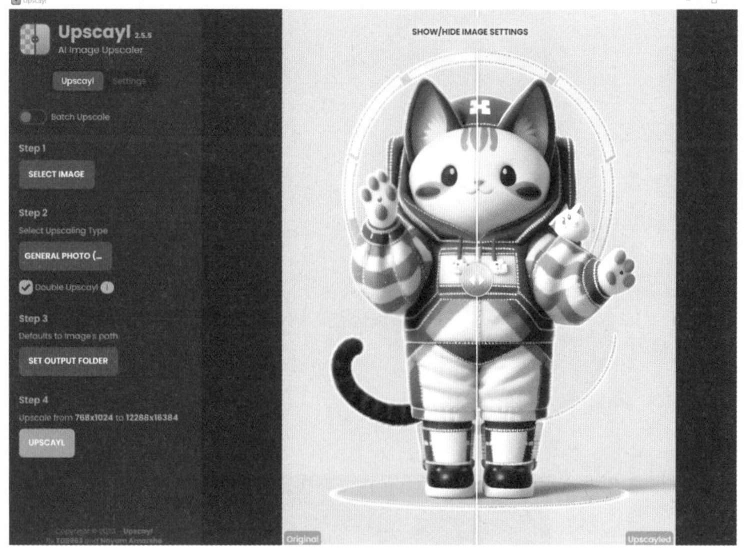

5.2.4 批量出图工具AutoJourney

如果Midjourney的快速生图模式时间已经耗尽，但用户又不希望一直坐在计算机前一直盯着生成图片界面等待，那么可以考虑使用一款能够持续发送提示词的工具，即AutoJourney。这款工具的主要功能是，自动、持续地发送提示词，从而节省时间和精力。

事实上，自媒体平台上的许多漫画账号都是利用这种批量出图工具生成大量的图片，然后从中筛选出符合需求的图片的。

01 在谷歌浏览器应用商店中输入“AutoJourney”搜索扩展应用，并将其安装好。打开网页版Discord，在扩展程序中打开插件的访问权限，刷新页面，页面右边就会出现一个悬浮的icon。单击它即可进入插件首页。

02 可以在打开的页面中一直发送提示词来进行排队出图，也可以对插件进行个性化设置。

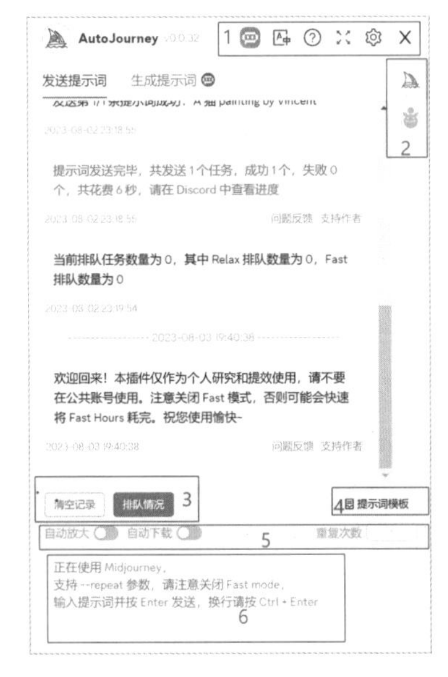

1. 从左往右依次为Poe机器人、中英文切换、使用指南、放大窗口、插件设置及关闭页面等按钮。

2. 切换Midjourney与niji·journey生图模式。

3. “清空记录”可以清除生成的历史记录；“排队情况”可以调取“/info”命令，获取图片生成的排队进程。

4. 利用模板快速修改替换词，以提升效率。

5. “自动放大”可以自动放大生成的所有图片；“自动下载”表示在图片生成后自动分割四宫格，并分别将其下载到本地；“重复次数”表示想生成多少次，按需求填写即可。

6. 提示词输入区。

第6章

Midjourney 应用实战

从工作效率的角度来看，Midjourney能够迅速生成设计草图，为设计师提供了丰富的创意来源，而且其庞大的图像库能够满足设计师更加多样化的设计需求。不得不说，Midjourney的出现为图像方面的工作带来了巨大的改变。无论是在设计行业内部，还是在更广泛的领域，它都展示了AI技术在创新设计方面的强大潜力。本章主要介绍Midjourney在相关领域的应用实战。

6.1 摄影领域应用实战

Midjourney可以比较广泛地应用于摄影领域，其组织空间和场景的能力较强。

6.1.1 证件照人像摄影

AI人像摄影技术让普通用户也能拍出具有专业水准的人像。这为摄影爱好者提供了一个新的学习平台，也为摄影行业的发展注入了活力。当然，AI人像摄影并非完全取代传统人像摄影。事实上，它们可以相辅相成，共同推动人像摄影的进步。AI技术可以辅助摄影师，为摄影师提供更多的建议和灵感。同时，摄影师凭借其丰富的经验和敏锐的直觉，依然在拍摄过程中扮演着至关重要的角色。

Midjourney专业摄影场景的提示词公式如下，具体内容见下表。

视角 + 摄影师 + 主体描述 + 相机型号 + 焦距和光圈 + 角度 + 打光 + 品质提示词 + 后缀参数

提示词	内容举例
视角	写真视角、鸟瞰视角、全景视角、广角等
摄影师	可以是摄影师的名字，也可以是电影导演的名字
主体描述	人物、产品、环境等的具体描述
相机型号	Canon EOS 5D Mark IV、Nikon D850 等
焦距和光圈	35mm、F1.4、F2.8 等焦距和光圈参数
角度	平视、仰视、45°等摄影角度
打光	自然光、摄影棚灯光、电影级灯光等
品质提示词	8k、3D、render、C4D 等渲染效果词，让软件生成的图更加清晰
后缀参数	--ar、--s、--no、--v 等参数

实战：制作职业证件照

在Midjourney中，证件照其实可以非常轻松地制作出来。先用Midjourney生成职业照，然后用换脸工具进行换脸即可。换脸的方法参见第5章的相关内容。

对于证件照来说，影响作品的核心往往是描述的画面内容，这里称之为“画面主题”。同时，为了让画面更符合预期，一些惯用描述和后缀控制会辅助Midjourney更好地生成作品，即完善基础设定的提示词内容，再进行一定的参数设置就可以了。

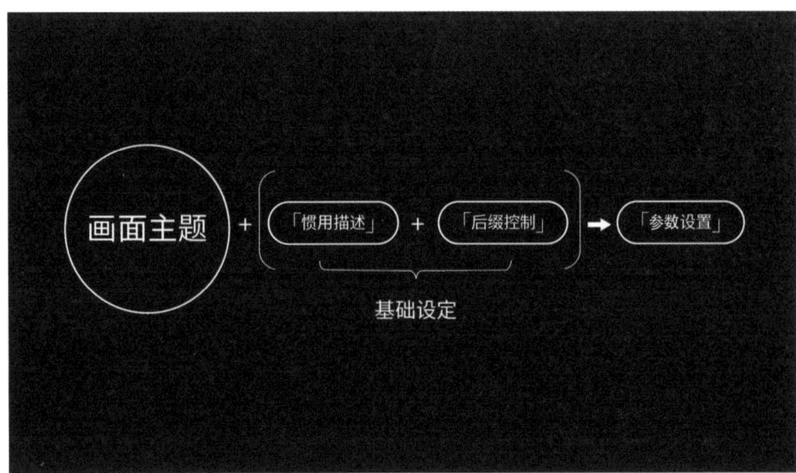

使用Midjourney制作证件照时，可以使用下面的公式。这里将“视角”和“相机”这两个提示词分别加在“摄影师”之后和“场景描述”之前，它们分别代表“××用××视角拍摄”和“用××相机拍摄××画面”。

摄影师 + 视角 + 主题 + 相机 + 场景描述 + 图片质量

01 根据该公式，罗列出重要信息。

- 摄影师+视角：Renhang和Sandara Tang摄影，半身拍摄。
- 主题（人物和细节）：一位身穿灰色西装、白色连衣裙，留着黑色短发的女性在拍照，采用微妙的单色调，纯色，经典学术，纯白背景，独特的美感，瘦脸。
- 相机+场景描述（职业照惯用描述，场景及细节）：商务画面，美丽新颖的拍摄角度，专业人像照明，工作室照明，商务感，专业摄影。
- 图片质量：非常详细，超高清，最大细节，超详细，锐化，清晰的细节，惊人的质量，超级细节，令人难以置信的详细HDR，16K，最佳推理。

02 依次对这些内容进行翻译。

- 摄影师+视角：photography by Renhang and Sandara Tang,half body shot.
- 主题（人物和细节）：a woman in a grey blazer, white dress, short black hair for a photo call, in the style of subtle monochromatic tones, pure color, classic academia ,pure white background, unique beauty, thin face.
- 相机+场景描述（职业照惯用描述，场景及细节）：business picture, beautiful and novel shooting angle, professional portrait lighting, studio lighting, business sense, professional photography.
- 图片质量：extremely detailed, ultra hd, max detail, hyperdetailed, sharpen, sharp details, amazing quality, super detail, incredibly detailed HDR,16k,best reastic.

03 将翻译好的提示词组合起来，在Midjourney中输入，并在末尾设置比例为3∶4。至于其他参数，可以自行设计。

photography by Renhang and Sandara Tang,half body shot, a woman in a grey blazer, white dress, short black hair for a photo call, in the style of subtle monochromatic tones, pure color, classic academia ,pure white background, unique beauty, thin face, business picture, beautiful and novel shooting angle, professional portrait lighting, studio lighting, business sense, professional photography, extremely detailed, ultra hd, max detail, hyperdetailed, sharpen, sharp details, amazing quality, super detail, incredibly detailed HDR,16k,best reastic --ar 3 ： 4 --s 250 --style raw --v 5.1

04 选择U1为模板图。用原图（原人物照片）去替换U1中人物的脸，这样就可以完成对证件照的处理。

+

=

实战：制作美颜证件照

之前流行过的“最美证件照”中，人物的脸部总是显得白皙光滑，这导致每个人的照片看起来很相似，这种雷同容易使人产生审美疲劳。因此，人们开始追求能够真实展示个人面貌的美颜证件照。下面用Midjourney来制作美颜证件照。

01 原理同上一个案例一样，先要制作出美颜证件照的模板图，也就是先使用公式。

- 摄影师：无。
- 主题(人物和细节)：留着黑色短发的中国男性，18岁，穿着高中制服，蓝色背景。
- 场景描述+视角(场景及细节)：现实年鉴照片，特写，面部拍摄。
- 相机+图片质量：SMC宾得75mm F2.8AL，超现实，16K电影质感。

02 将素材图上传到Midjourney，然后复制图片链接，得到叠图链接。

03 将中文内容翻译为英文，并进行组合，然后采用“叠图链接+提示词”的方式在Midjourney中进行输入，得到模板图。

叠图链接+ Chinese black short haired man, 18 years old, wear high school uniform,blue background, realistic yearbook photo, close up, face shot, SMC Pentax 75mm F2.8AL,hyper realistic,16k Cinematic --ar 3：4 --s 750 --style raw

04 选择U3，然后用InsightFaceSwap将原图中的脸替换到U3中，就得到了合成的美颜证件照。

模板图

+

原图

=

合成图

6.1.2 时尚摄影

时尚摄影作为一种以时尚、美学和艺术为主题的摄影形式，主要目的在于通过摄影技巧和视觉表现手法展示时尚元素、美丽和个性，有效地呈现服装、配饰和造型等的艺术性与创意性。时尚摄影被广泛地应用于时尚杂志制作、广告宣传、品牌推广等领域。

使用Midjourney制作时尚摄影图片时，可以使用以下公式来描述。描述形式与前面一样，这里不再赘述。

主题 + 风格（杂志或者品牌）+ 视角 + 相机 + 场景描述 + 质量提示词

实战：制作杂志封面影像

*GQ*是一本男士时尚和生活类杂志，以其深度的特写报道、独特的时尚观点和高品质的摄影作品而闻名。接下来尝试制作一个*GQ*的封面影像。

01 使用*GQ*风格的提示词生成人物图片，在Midjourney中输入关于人物的提示词。

A serene male model reclines elegantly on an embroidered chaise, wearing an Armani suit with jade accents. The backdrop features a large-scale replica of a Chinese ink painting, adding depth to this half body shot. Medium: *GQ*, by Larry Sultan --s 250 --style raw --ar 2 ： 3 --v 5.2

技巧提示

这里选择U4。如果对这种风格的人物描述不太了解，可以去网上查阅*GQ*封面人物的特写图片，然后通过Midjourney的“图生文”方法生成提示词，再进行修改，以获得属于自己的提示词。

02 根据实际需求将图片放大，然后使用设计软件进行排版设计。

实战：制作时尚海报

下面介绍制作奢侈品时尚海报的方法。

01 将素材图上传到Midjourney，然后复制链接。

02 奢侈品广告人像通常会模拟和致敬某个经典构图或动作，可以通过“叠图+提示词”的方式来生成类似的图片。在Midjourney中输入“/des”，选择“/describe image”，然后将“素材图片05.jpg”拖曳到图片上传窗口。

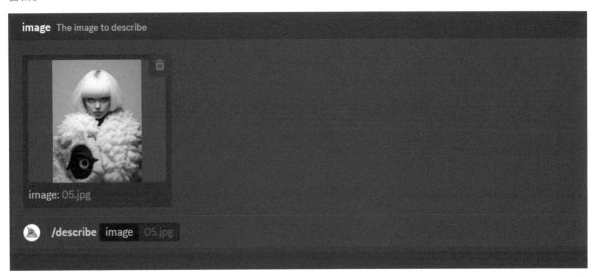

03 按Enter键，获取该图片的提示词。这里选取了“FENDI冬季广告”风格的提示词，借助提示词生成照片。

叠图链接 +fèdile spring winter 2013 ad, in the style of neo-popsurrealism, yellow background, yellow clothes, furry art, freeform minimalism, text and emoji installations, Edwardian beauty --s 750 --style raw --iw 2 --ar 3：4

技巧提示

在实际操作过程中，采用或生成的提示词可能并不符合英文拼写要求或语法要求，软件能够识别即可。

04 虽然获取了效果不错的图片，但是图中的部分内容存在不合理之处。用Vary (Region)功能对图片进行优化。

05 经过简单的图文排版，获得以下时尚海报。

6.1.3 儿童摄影

儿童摄影目前是国内市场中占比较大的摄影门类之一，是一种以儿童为主题的摄影艺术。在儿童摄影中，摄影师需要与孩子进行良好的互动和沟通，以便捕捉到他们自然的表情和动作。摄影师需要善于观察和抓住精彩瞬间，用镜头记录下孩子的表情和动作，从而得到真实而有趣的照片。

为了拍摄好儿童照片，摄影师需要选择适合孩子的拍摄场景，可以是户外的自然场景、室内的温馨家庭场景，也可以是专门搭建的场景。摄影师还可以利用光线、色彩和构图技巧增强照片的艺术感和吸引力。使用Midjourney制作儿童写真时，可以使用下面的公式。

年龄＋主题＋表情＋拍照风格＋图片质量

实战：制作儿童写真

儿童写真的制作在流程和方法上与证件照比较类似，也就是制作好模板图后进行换脸。这里简单说明一下。

01 对公式涉及的内容进行整理。

- 年龄（核心提示词）：10岁。
- 主题（人物和细节）：10岁的中国女孩坐在装满巨大气球的车上，看着相机。
- 表情：微笑。
- 拍照风格：日本滨田英明的灵感。
- 图片质量：顽皮的能量，通透、轻盈，梦幻的lofi摄影，浅色的彩色，富士胶片。

02 对整理的内容进行翻译。

- 年龄（核心提示词）：10-year-old。
- 主题（人物和细节）：Chinese girl sitting on car filled with huge balloon, looking at the camera。
- 表情：smile。
- 拍照风格：Japanese Hideaki Hamada inspiration。
- 图片质量：playful energy,airy and light,dreamy lofi photography, light colorful,fujifilm。

03 对翻译后的提示词进行整理，将组合好的提示词输入Midjourney，得到图片。

10-year-old chinese girl sitting on car filled with huge balloon, looking at the camera, smile, japanese Hideaki Hamada inspiration, playful energy,airy and light,dreamy lofi photography, light colorful, fujifilm --ar 3：4 --s 750 --style raw --v 5.1

—技巧提示—

提示词中没有关于镜头的描述，这是Midjourney生成的4张图片看起来都没有特点的原因。可以添加镜头提示词，如extreme close-up view、close-up view等，来展示更多的摄影细节。

实战：制作创意儿童写真

除了常规的儿童写真，独具创意的合成照片也能够很好地展现孩子的天真烂漫。这种类型的照片不是单纯地捕捉孩子的表情，而是通过艺术家的想象力和技巧，将他们置于富有想象力的场景中，或者让他们与喜欢的卡通角色共同出镜，从而得到全新的、独一无二的视觉效果。这样的照片不仅能给孩子留下深刻的印象，也是对他们童年无限美好回忆的一种独特纪念。只需一点创意和技术，就能让孩子的照片变得更有趣，更具吸引力。

例如，可以制作有关《哈利·波特》的儿童创意写真，让孩子置身于在霍格沃兹魔法学校。相关提示词如下。

A still photo from the film *Harry Potter*, containing graphic elements from the film, 10-year-old Chinese boy, black cape, magic wand, glasses, laboratory table, various chemical potions, movie tone, dark tone, smoke effect, background blurred, rich level of detail, Canon 85mm lens, foreground blurred，clear background,high detail, IP, cinematic, 3D, C4D,hd, OC renderer, cinematic lighting, super detail, 8k --ar 3 ： 4 --s 750 --v 5.1 --style raw

翻译如下。

电影《哈利·波特》中的静态照片，包含电影中的图形元素，10 岁的中国男孩，黑色斗篷，魔杖，眼镜，实验室桌子，各种化学药剂，电影色调，深色调，烟雾效果，背景模糊，丰富的细节，佳能 85mm 镜头，前景模糊，背景清晰，最佳细节，IP，电影，三维，C4D，高清，OC 渲染器，电影照明，超级细节，8k --ar 3 ： 4 --s 750 --v 5.1 -- 使用 raw 模式

—技巧提示—

笔者给出的步骤是比较简单的，但是读者在练习的时候一定要学会举一反三，对提示词进行反复推敲和修改，以得到不同的效果。如果仅复制笔者的提示词用于生成图片，这样学习效果会很差。

6.1.4 户外摄影

广告拍摄大多是在室内进行的，而在室内拍摄具有一定的局限性，如难以满足自然环境类广告或者户外运动类广告的拍摄需求等。事实上，在户外拍摄广告往往面临更多的挑战和变数。户外环境中，光线、天气、背景等因素都可能对拍摄产生影响。

在户外，摄影师需要利用自然光和环境元素创作出具有吸引力和故事性的画面。他们需要灵活应对不同的光线条件，调整相机设置和构图，以确保捕捉到最佳的瞬间。在Midjourney中也应该尽力模仿这种调整，使生成的图片产生一种随机的自然视觉效果。制作户外摄影照片可运用以下公式。

风格 + 主题 + 相机 + 镜头模式 + 图片质量

实战：制作户外广告摄影照片

拍摄户外广告往往会请专业的模特，通常这种类型的海报会制作成H5或者开屏页，拍摄的大多是露营、探店或者是旅游方面的内容。

the country, a Chinese movie about a couple sitting together, in the style of fresh and camp charm, light gray and dark beige, Konica big mini, light orange and dark green, joyful celebration of nature, lEICA CL, party 16k, hyper quality, HD, ultrahigh resolution, realistic details --ar 3 ： 4 --s 750 --v 5.1 --style raw

翻译如下。

《乡村》，一部关于一对情侣坐在一起的中国电影，具有清新和营地魅力的风格，浅灰色和深米色，柯尼卡大迷你，浅橙色和深绿色，欢乐的自然庆典，徕卡 CL，派对，16k，超高质量高清，超高分辨率，逼真细节 --ar 3 ： 4 --s 750 --v 5.1 -- 采用 raw 模式

排版制作效果

实战：制作户外运动摄影照片

制作户外运动摄影照片往往会运用与motion blur（运动模糊）相关的提示词来增强画面的动感。这类照片一般提供给运动产品厂商用于宣传。

Photo of the adrenaline-pumping action of a snowboarder launching, ramp in the Swiss Alps, Focus on the skier in mid-air, with the camera, dramatic perspective, excitement,motion blur, mountainside, blue sky, stunning, lighting --ar 3 ：4 --s 750 --v 5.2

翻译如下。

在瑞士阿尔卑斯山的斜坡上，一名单板滑雪运动员冲刺时肾上腺素飙升的动作照片，镜头聚焦于半空中的滑雪者，戏剧性的视角，兴奋，运动模糊，山坡，蓝天，令人惊叹，灯光 --ar 3 ：4 --s 750 --v 5.2

技术专题：如何用Midjourney给模特换衣服

在Midjourney中，给模特换一身衣服并不是一件难事。只要遵循以下几个步骤，就能轻松完成这样的操作。

（1）制作商业模特图，推荐使用叠图的方式制作一张背景干净的图片。

叠图链接 +20 years old Nordic male model, head sideways, brown hair, casual clothes, Full body shot, white background, soft light, Sony HD shot, ultra realistic skin, 8k HD --ar 3 ：4 --v 5.1 --style raw --s 750

翻译如下。

叠图链接 +20 岁的北欧男模，侧着头，棕色头发，休闲服，全身拍摄，白色背景，柔和光线，索尼高清拍摄，超逼真皮肤，8k 高清 --ar 3 ：4 --v 5.1 -- 使用 raw 模式 --s 750

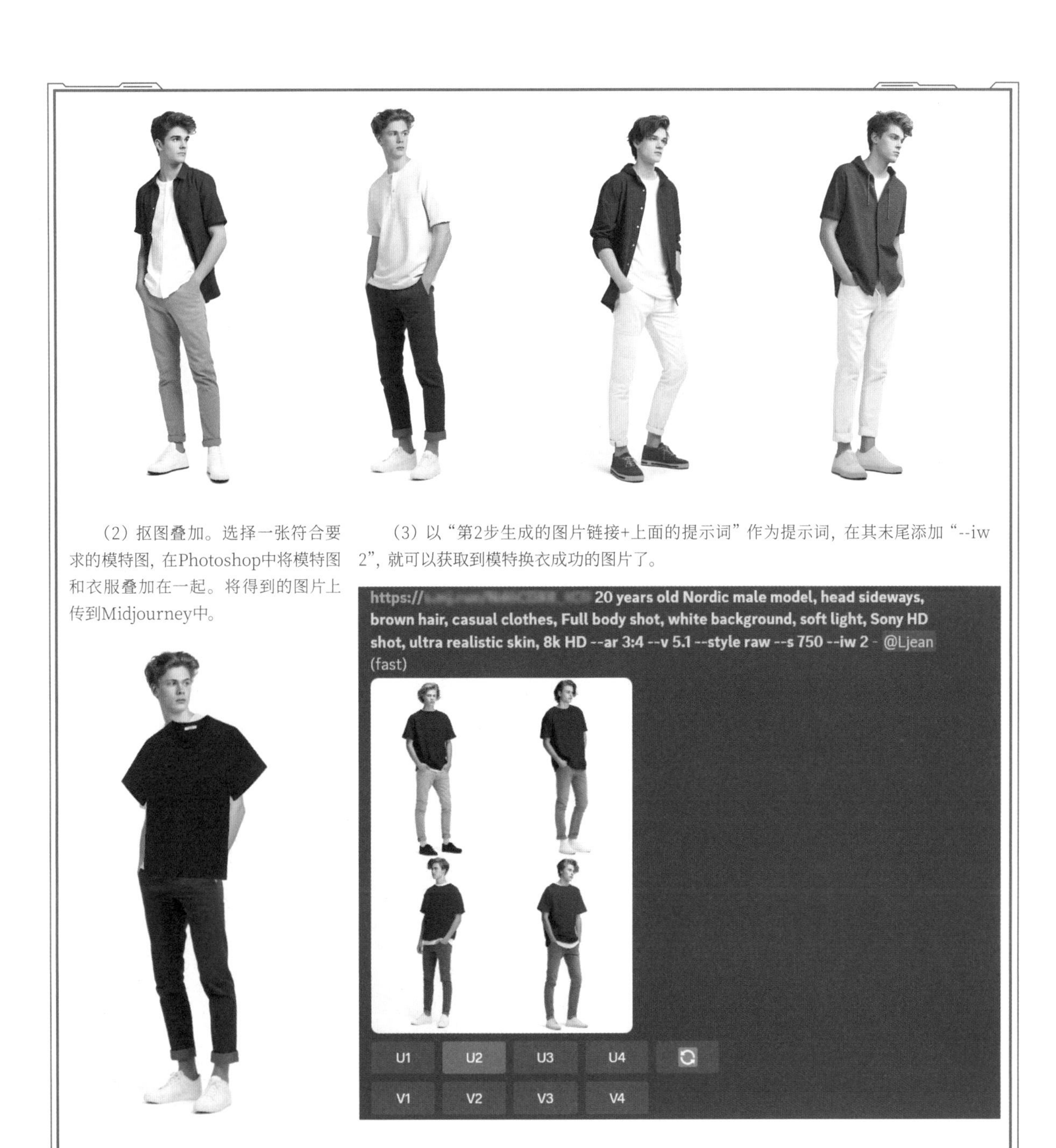
https:// 20 years old Nordic male model, head sideways, brown hair, casual clothes, Full body shot, white background, soft light, Sony HD shot, ultra realistic skin, 8k HD --ar 3:4 --v 5.1 --style raw --s 750 --iw 2 - @Ljean (fast)
U1
U2
U3
U4
V1
V2
V3
V4

（2）抠图叠加。选择一张符合要求的模特图，在Photoshop中将模特图和衣服叠加在一起。将得到的图片上传到Midjourney中。

（3）以“第2步生成的图片链接+上面的提示词”作为提示词，在其末尾添加“--iw 2”，就可以获取到模特换衣成功的图片了。

6.1.5 美食摄影

美食摄影是一种专门致力于呈现食物美感的摄影艺术形式，其主要目标是通过高超的摄影技术和精细的艺术构图，充分展示食物的色彩、质地、形状，以此激发观众的食欲，引导他们去品尝和享受美食。美食摄影的核心在于准确地还原食物的色彩和质地，同时展示食物的新鲜度和美味，使观众能够通过视觉感受到食物的魅力。美食摄影被广泛应用于许多领域，包括餐厅菜单、食品广告、烹饪书籍、美食杂志和社交媒体等。

实战：制作美食摄影照片

提示词如下。

In the middle of the picture is a bowl of Bouillabaisse（可更换为其他菜品的名称）. The theme is kitchen food photography. The bowl of noodles is surrounded by ingredients and arranged in equal proportions, with the emphasis on Bouillabaisse, and the food should have a steaming aroma. Attention to detail in food, SONY a7m3 50mm f2.4, Prime Time Light

翻译如下。

图片的中间是一碗法式杂鱼汤。主题是厨房食品摄影。这碗面条被配料包围，并按相等的比例排列，重点是法式杂鱼汤，食物应该冒着热气。注意食品细节，索尼 a7m3 50mm f2.4，黄金时段灯光

实战：制作饮品摄影照片

提示词如下。

Iced cappuccino（可以更换为奶茶、冰激凌等）, product photography, on frosted grained countertop, side shot, studio lighting, Chinese minimalist aesthetics. Clean, Empty, Nikon, Strong Light and Shadow, 8k HD --s 750

翻译如下。

冰卡布奇诺，产品摄影，在磨砂纹理台面上，侧拍，工作室照明，中国极简主义美学，简洁，空灵，尼康，强光和阴影，8k HD--s 750

实战：制作水果摄影照片

提示词如下。

Fresh yellow lemon fruits are with water droplets and bright natural sunlight, placed on a wooden table, close-up macro shot, sharp details on the edges, vibrant citrus texture, and dark background --ar 3 ： 4 --s 750

翻译如下。

新鲜的黄色柠檬果实带有水滴和明亮的自然阳光，放在木桌上，特写微距拍摄，边缘有清晰的细节，新鲜的柑橘质地，背景黑暗 --ar 3 ： 4 --s 750

实战：制作微距摄影效果

微距摄影可以给美食摄影带来一定的创意及童趣。如果希望制作一幅富有创意的美食摄影海报，可以试试这种效果。

a lot of tiny little people Standing on a large lemon,There is a cozy little house above, macro photography, natural light, background grass --ar 3 ： 4 --s 750 --v 5.1

提示词翻译如下。

很多小人站在一个大柠檬上，上面有一个舒适的小房子，微距摄影，自然光，背景草 --ar 3 ： 4 --s 750 --v 5.1

技巧提示

这里有一组核心提示词“a lot of tiny little people”。

6.2 绘画领域应用实战

在绘画领域，Midjourney算是当之无愧的AI首选工具。想要获得一幅令人满意的画作，就得知道如何书写提示词。接下来的实战会尽可能地将绘画领域可能用到的提示词总结出来，并且把它们归纳在可以被应用的领域。

6.2.1 中式水墨风

中国风绘画强调的是大自然和人类的和谐共生，画面中的山水、花鸟、人物等元素都以一种和谐、平衡的方式呈现，给人一种宁静、安详的感觉。在色彩上，中国风绘画多采用淡雅、清新的色彩，给人一种宁静、淡然的美感。在线条上，中国风绘画的线条流畅、自然，既有力度又有韵律，给人一种优美的视觉享受。

实战：绘制山水画

山水画是中国风绘画中比较有代表性的一类，它运用线条、墨色和水墨渲染等，以表现自然山水景色为主题。山水画强调构图的平衡和传达大自然的壮丽与宁静，常常融入诗词和哲学思想。Midjourney的V5模型是山水画出图效果比较好的模型，所以接下来的提示词中都应该添加“-- v 5”。

提示词如下。

Chinese painting of an entrance and bridge near, late 19th, clothing, 3840×2160, everyday, figures, beige and teal, 500-1000 --ar 16 ：9 --v 5

翻译如下。

有入口和桥梁的中国画，19 世纪末，服装，3840×2160，日常的，人物，米色和蓝绿色，500-1000 --ar 16 ：9 --v 5

实战：绘制花鸟画

花鸟画是一种重要的中国风绘画，以花鸟为主题。花鸟画注重细腻的表现技法，通过线条勾勒出生动的花卉和鸟类形象，以及它们与自然环境的和谐共生关系。绘制花鸟画时，V5版本生成的效果偏陈旧，V5.2版本会生成偏水彩的效果，建议使用V5.1版本。

提示词如下。

a painting showing birds and plum flowers, in the style of frank , ink wash, ink wash painting --ar 9 ： 16

翻译如下。

一幅展示鸟和梅花的画，坦率的风格，水墨，水墨画 --ar 9 ： 16

实战：绘制人物画

人物画是描绘人物形象的中国风绘画，主要以文人雅士等为题材。人物画追求形神兼备，通过写实描绘和构图手法，表现出人物的内心世界、品格特征和社会关系。人物画的绘制和山水画相似，可使用V5模型来生成。

提示词如下。

a small painting in a garden with people in front, in the style of picture scroll, subtle tonality, traditional color scheme, ultrafine detail, narrative paneling, multilayered realism, Wu Daozi, 16k, high definition display --ar 16 ： 9 --s 750 --v 5.0

翻译如下。

一幅人在前的花园里的小画，画卷风格，微妙的色调，传统的配色方案，超细的细节，叙事性的镶板，多层现实主义，吴道子，16k，高清显示 --ar 16 ： 9 --s 750 --v 5.0

6.2.2 艺术大师画风

我们通过使用AI技术进行绘画，可以在一定程度上复现一些伟大艺术家的艺术作品。这种复现不仅是对原作的模仿，更是对原作的深度学习和理解。AI通过分析这些艺术家的画作，理解其使用的色彩、线条、形状和构图等元素，在这个基础上进行创作，从而达到复现其作品的效果。

实战：模仿凡· 高的画风

《星空》是凡· 高广为人知的杰作之一，其通过运用色彩和线条的变化，将星空中的星星、云彩和天空交织在一起，形成了如同螺旋般旋转的景象。这种绚丽而富有动感的构图，使得观众仿佛被带入了一个神奇的宇宙之中。那如何借用凡· 高的画笔来绘制自己的作品呢？

提示词如下。

starry sky,A painting on blue paper of a romantic starry sky, twinkling shooting stars, Van Gogh, art nouveau organic smooth lines, futuristic colorful waves, intricate bizarre illustration, swirling swirls, colorful turbulence, high resolution --ar 3：4

翻译如下。

《星空》，一幅画在蓝纸上的浪漫星空的画，闪烁的流星，凡·高，新艺术有机流畅的线条，未来主义的彩色波浪，复杂奇异的插图，漩涡，彩色湍流，高分辨率 --ar 3：4

在这里，如果将主题更换为“two little girls”（两个小女孩），结果如下。

使用艺术家的名字或者是借助其画作的风格，就能轻松掌握艺术创作的密码，这就是AI绘画的强大之处。在绘制画作时，组合不同的艺术风格可能会产生意外之喜。使用“毕加索”和“凡·高”（用and连接）这两种风格的提示词绘制一幅作品，那这两种风格会有机地结合在一起。

6.2.3 商业插画

商业插画通常被用于广告、杂志、书籍、海报、网站等场景。商业插画的作用是通过图像来吸引观众的注意力，传达特定的信息或情感。它可以在传统媒介（如纸张、帆布）上绘制，也可以在电子媒介上绘制。商业插画可以采用各种不同的风格和技术，如手绘、水彩、数字绘画、矢量图像等，以实现独特的视觉效果。

商业插画的重要性在于它能够吸引潜在客户的注意力，提升品牌形象，增加产品或服务的销量。它可以将复杂的信息以直观、吸引人的方式传达给观众，使其更容易被观众理解和接受。商业插画还可以帮助品牌建立视觉形象，增强品牌的辨识度和独特性。

在Midjourney生成的作品中，商业插画不仅占比比较大，且应用相当广泛。绘制这些商业插画所使用的模型几乎都是niji·journey模式下的style expressive。

实战：绘制植物海报插画

提示词如下。

a poster of flat illustration of tropical plants,illustration of greenery with a bird, in the style of metropolis meets nature, in the style of vibrant illustrations, minimalism style, flat illustration,line art, Circular line, life-like avian illustrations, green ,scientific illustrations --ar 3 ： 4 --style expressive

翻译如下。

热带植物的平面插图海报，绿色植物与鸟类的插图，大都市与自然的风格，充满活力的插图风格，极简主义风格，平面插图，线条艺术，圆形线条，栩栩如生的鸟类插图，绿色，科学插图 --ar 3 ： 4 -- 富有表现力的风格

实战：绘制人物海报插画

提示词如下。

a female holding with a MacBook on her lap, sitting on the chair, with a cup of coffe in her right hand, a plant besides her, a cat is sleeping, smiling, Short hair, casual clothing, in the style of figurative minimalism, white background, organic shapes and lines, soft lines, the color matching is mainly yellow and black, contrast color, flat illustration --s 180

翻译如下。

一个女人腿上放着一台苹果牌便携式计算机，坐在椅子上，右手拿着一杯咖啡，旁边有一株植物，一只猫在睡觉，微笑着，短发，便装，极简风格，白色背景，有机形状和线条，柔和的线条，配色主要是黄色和黑色，对比色，平面插图 --s 180

实战：绘制Q版动物场景插画

在商业插画中，Q版风格非常容易获得人们的好感。

提示词如下。

the pink bear is sitting on a swimming pool and using the lifesaving equipment, in the style of bold and colorful graphic design,minimalist style,circular shapes, flat figures, nautical charm, pop style, mixed patterns, navy and cyan,aerial view, digitally enhanced --niji 5

翻译如下。

粉红熊坐在游泳池中并使用救生设备，采用大胆多彩的平面设计风格，极简主义风格，圆形，平面人物，航海魅力，流行风格，混合图案，海军蓝和青色，鸟瞰图，数字增强 --niji 5

实战：绘制运营页面的场景插画

提示词如下。

Book illustration, happy boy run in the forest, Center composition, joyful, flowers, beautiful forest overgrown moss, flat illustration

翻译如下。

书籍插图，快乐的男孩在森林中奔跑，中心构图，快乐，花朵，美丽的森林长满苔藓，平面插图

实战：绘制潮流抽象插画

提示词如下。

a hand with an eye, spherical sculptures, bold graphic shapes, modernist illustration, black and red, symmetrical --ar 4 ：3

翻译如下。

一只带眼睛的手，球形雕塑，大胆的图形形状，现代主义插图，黑色和红色，对称 --ar 4 ：3

实战：绘制黑白线稿

提示词如下。

A clerk in a coffee shop is making coffee，white background, black and white style, doodle in the style of Keith Haring, sharp illustration, MBE illustration, bold lines, in the style of grunge beauty, mixed patterns, text and emoji installations --ar 3 ：4 --s 250 --niji 5

翻译如下。

在一家咖啡店里，一名店员正在制作咖啡，白色背景，黑白风格，凯斯·哈林风格的涂鸦，清晰的插图，MBE 插图，粗线条，垃圾美风格，混合图案，文本和表情符号装置 --ar 3 ：4 --s 250 --niji 5

实战：绘制商业3D海报插画

提示词如下。

A boy and a girl were on the lawn, both of them wearing sun hats, boxes, chairs, the lawn, the tent, the blue sky, the white clouds, the small flowers, the coconut trees, delightful, High detail, high saturation, super quality, rich details, 3d rendering, C4D, OC renderer, 8k --ar 3 ： 4

翻译如下。

一个男孩和一个女孩在草坪上，他们都戴着太阳帽，盒子，椅子，草坪，帐篷，蓝天，白云，小花，椰子树，令人愉快的，最佳细节，高饱和度，超高质量，丰富的细节，三维渲染，C4D，OC 渲染器，8k --ar 3 ： 4

6.2.4 创作儿童绘本和漫画

在阅读过程中，我们经常会在书中看到精美的插图。这些插图通常起到辅助作用，帮助读者更好地理解故事情节、人物形象和场景。插图是文字的点缀物，可以激发读者的想象力，让他们更深入地融入故事中，形成独特而令人难忘的阅读记忆。

下面介绍两种常见的绘画表现形式。一种是儿童绘本，另一种是漫画。现代儿童绘本是专为孩子设计的图画书。这种书通常以丰富的插图和简洁的文字来讲述故事，旨在启发孩子的想象力，培养阅读兴趣，并传递正向的价值观。漫画放弃了大段的文字，转而使用连贯的图像来展示故事内容。漫画可以涵盖各种题材，包括幽默、冒险、爱情、科幻等，适合不同年龄段的读者阅读。

实战：创作儿童绘本

下面绘制两幅绘本插图。

- 画面一情节：曾经有一只可爱的黑猫，它的名字叫作小黑。小黑是一只非常聪明和勇敢的猫，它生活在一个小村庄里，总是在夜晚四处探险。

提示词如下。

children book style,flat illustration,A very cute black kitten with yellow eyes has emerged from the grass, Close up

翻译如下。

儿童书籍风格，平面插图，一只非常可爱的黄色眼睛的黑猫从草地上出现了，特写

- 画面二情节：它爬上树，站在最高的树枝上，俯瞰整个村庄。

提示词如下。

children book style,flat illustration,A black cat stands on a tall and dense tree, overlooking the entire village from a bird's-eye perspective, close up view --ar 3 ：4

翻译如下。

儿童书籍风格，平面插图，一只黑猫站在一棵又高又密的树上，俯瞰整个村庄，近景 --ar 3 ：4

实战：绘制漫画

Midjourney中绘制漫画效果比较好的是V4模型。相对于其他模型来说，用V4模型绘制的漫画分镜更完整，效果也更好。如果读者想尝试绘制侦探类的漫画作品，可以使用以下提示词。

01 设计一个画面：一个男人逃离现场。

提示词如下。

in the style of noir comic art, a poster by Jim Cantoya ,a comic scene from 1950s,a man is investigating the scene,detective,crime,black and white,film noir, narrative sequences, Mike Deodato, detailed environments, multi-panel compositions, Stanislaw Lgnacy Witkiewicz, digitally enhanced, hd --v 4

翻译如下。

黑色漫画艺术风格，吉姆坎托亚的海报，20 世纪 50 年代的一个喜剧场景，一个男人正在调查现场，侦探，犯罪，黑白，黑色电影，叙事序列，迈克·德奥达托，详细的环境，多面板构图，斯坦尼斯瓦夫·伊格纳奇·维特凯维奇，数字增强，高清 --v 4

02 如果想给漫画增加一定的氛围，可以添加一定的颜色提示词。例如，在插画中添加黄色来渲染灯光气氛，那么只需要添加“仅有黄色”这一提示词。

提示词如下。

in the style of noir comic art, a poster by Jim Cantoya ,a comic scene from 1950s,A man fled the scene,detective,crime,black and white,film noir,color only yellow, narrative sequences, Mike Deodato, detailed environments, multi-panel compositions, Stanislaw Lgnacy Witkiewicz, digitally enhanced ,hd --v 4

翻译如下。

黑色漫画艺术风格，吉姆·坎托亚的海报，20 世纪 50 年代的一个戏剧场景，一个男人逃离现场，侦探，犯罪，黑白，黑色电影，仅有黄色，叙事序列，迈克·德奥达托，详细的环境，多面板构图，斯坦尼斯瓦夫·伊格纳奇·维特凯维奇，数字增强，高清 --v 4

6.3 电商领域应用实战

最初，电商行业迎接节日活动时，可能需要好几个设计师去构想产品图，而现在一个能熟练使用Midjourney的设计师，就能使用AI来完成整个活动的创意构想。在真实场景下，拍摄产品图会耗费大量的时间、金钱，结合AI辅助我们可以更省时省力地完成方案。

总之，产品摄影更多的是为了突出产品的卖点，电商、产品推广等领域都需要产品摄影来辅助，书写有关产品摄影的提示词通常可以使用以下公式。

“产品摄影”+主题+环境+角度+相机+质量提示词

6.3.1 生成产品主体图

早期的产品主体图主要是通过“3D软件＋后期合成”方式来制作的，目前类似的场景图完全可以用Midjourney来生成。

实战：制作护肤产品图

提示词如下。

Product photography, Still Life photography, natural skin care products, nature, wood, flowers, minimalist style, focus on product, natural realistic photography, front view, commercial photography, epic light texture, highest quality, HD 8k --ar 3：4 --v 5.1 --s 750

翻译如下。

产品摄影，静物摄影，天然护肤品，自然，木材，花卉，极简主义风格，专注于产品，自然逼真摄影，正视图，商业摄影，史诗般的光线纹理，最高质量，HD 8k --ar 3 ： 4 --v 5.1 --s 750

技巧提示

除了可以控制产品的外观和材质，还可以更改产品的类型，如洗面奶、洗发水等。下面是一些有关护肤品及化妆品的提示词。

中文提示词	英文翻译	中文提示词	英文翻译
护肤品	skin care product	管状面霜	tubular face cream
洗面奶	facial cleanser	面霜	face cream
紧肤水	firming lotion	身体乳	body lotion
护肤霜	moisturizers and creams	口红	lipstick

实战：制作家电产品图

相对于广泛应用于护肤产品的AI静物摄影，在Midjourney中使用叠图就可以完成具有某摄影师风格的家电产品场景构建。

提示词如下。

叠图链接 +Real photoshoot taken in a minimalist Japanese-style bright kitchen, with a food blender in the diningroom, fruits and glasses on the table. The overall color scheme is soft and bright champagne, with professional, lighting, shadow, volumetric, definition --s 750 --iw 2

翻译如下。

叠图链接 + 这是在一个极简主义的日式明亮厨房里拍摄的真实照片，餐厅里有一个食物搅拌器，桌子上有水果和玻璃杯。整体配色是柔和明亮的香槟色，具有专业性，照明，阴影，体积，清晰度 --s 750 --iw 2

6.3.2 生成产品背景

除产品主体图以外，产品摄影还经常涉及背景的创作。科技类背景常用于一些电器产品宣传，极简背景常常会被用于化妆品宣传。

实战：制作科技类背景

提示词如下。

Cistern, Circular Stage, C4D 4D Rendering Style, Centered Composition, Scoutcore, Futuristic Techno, Subtle Colors, Cubic Futurism, Ultra Fine Detail, High Resolution, 16k --s 750

翻译如下。

水池，圆形舞台，C4D 4D 渲染风格，居中构图，侦查员核心，未来主义技术，微妙的色彩，立方体未来主义，超精细细节，高分辨率，16k--s 750

实战：制作极简背景

提示词如下。

flattened wooden tree stump thin disc,palm leaves shadowed on background beige wall,luminous shadows, Commercial photography,big empty space, minimalist,tabletop photography --ar 3 ： 4 --s 750

翻译如下。

扁平的树桩形薄圆盘，米色背景墙上的棕榈叶阴影，明亮的阴影，商业摄影，大空地，极简主义，桌面摄影 --ar 3 ： 4 --s 750

技术专题：如何把产品融入背景中

一提到把产品融入背景中，大多数会使用AI的读者可能最先想到的是使用“/bland”命令进行融图，这其实会导致产品在一定程度上产生变形。所以在真实的电商工作场景下，都是使用Photoshop来辅助产品出图的。

（1）绘制背景图，提示词如下。

A background with forest plants, water flowing around moss and stones, realistic style,a bottle of perfume on a rock, close-up product, Song dynasty aesthetic, depth of field, detailed foliage, best image quality, Uhd image --ar 3：4 --s 750

翻译如下。

有森林植物的背景，在苔藓和石头周围流动的水，写实风格，岩石上的一瓶香水，特写产品，宋朝美学，景深，详细的树叶，最佳图像质量，Uhd 图像 -- ar 3 ： 4 --s 750

（2）在这里，香水其实可以替换成任意物品，因为主要目的是获取背景。但直接添加有关主体物的提示词会影响放置效果，所以可以放大其中一张合适的图片，使用Photoshop的“创成式填充”将香水去掉。

（3）处理背景图后，置入产品图，并调整画面的明度和色彩的倾向性，通常会使用“色彩平衡”来对画面进行调整，并使用蒙版处理前后关系。

（4）叠加光影、水珠素材，以及排版文字，基础的产品海报就制作完成了。

6.4 GUI领域应用实战

UI（User Interface，用户界面）领域可以细分出一个比较小的领域，那就是GUI（Graphical User Interface，图形用户界面）。相对于UI来说，GUI更加侧重于图形方面的设计。目前，Midjourney在UI领域中比较容易应用的就是GUI设计。

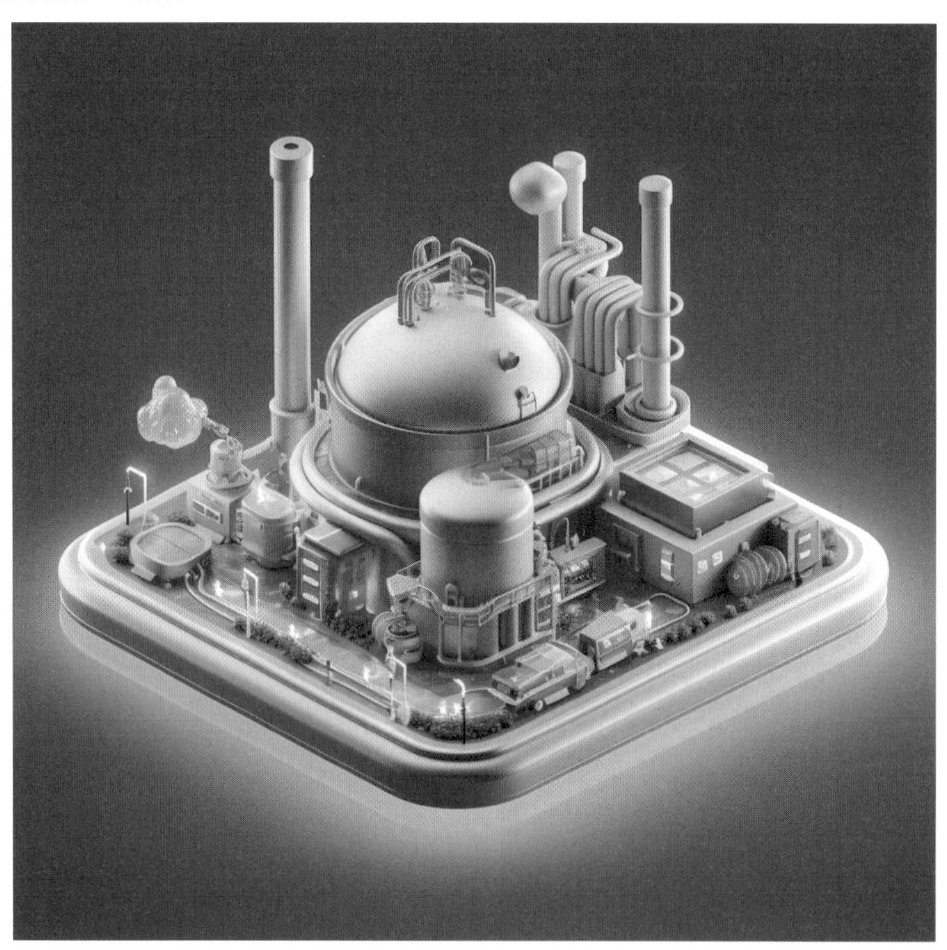

6.4.1 制作创意徽章

徽章在GUI中通常用来传达特定的信息或状态，它可以标识重要或突出的功能、选项及提示，帮助用户直观地了解应用程序、功能或内容。徽章还可显示未读或未处理的通知、消息或提醒，使用户了解有新的活动或信息需要关注。

总之，通过徽章，GUI能够更有效地传递信息、提醒用户、提供激励和显示状态，从而优化用户与应用程序的交互体验。

实战：制作复杂的质感徽章

游戏成就徽章常常被应用到一些游戏界面中。常见的游戏成就徽章有两种：一种是扁平化徽章，另一种是本实战中提到的相对比较复杂的质感徽章。

提示词如下。

crown of emerald, hd wallpaper, in the style of light navy and navy, musical academia, bunnycore, anime inspired, neoclassical, symmetry, logo, detailed hunting scenes --v 5.2

翻译如下。

祖母绿王冠，高清壁纸，轻海军和海军风格，音乐学院，兔子核心，动漫灵感，新古典主义，对称，标志，详细的狩猎场景 --v 5.2

实战：制作机甲类徽章

提示词如下。

Game emblem ,symmetrical ,science fiction, future, technology, game icon, stylized, digital illustration, radiati, glossy, super detailed texture,3D,8k, front view, black background --s 250 --niji 5 --ar 3 ： 4

翻译如下。

游戏徽章，对称，科幻，未来，科技，游戏图标，风格化，数字插图，辐射，光泽，超精细纹理，三维，8k，正视图，黑色背景 --s 250 --niji 5 --ar 3 ： 4

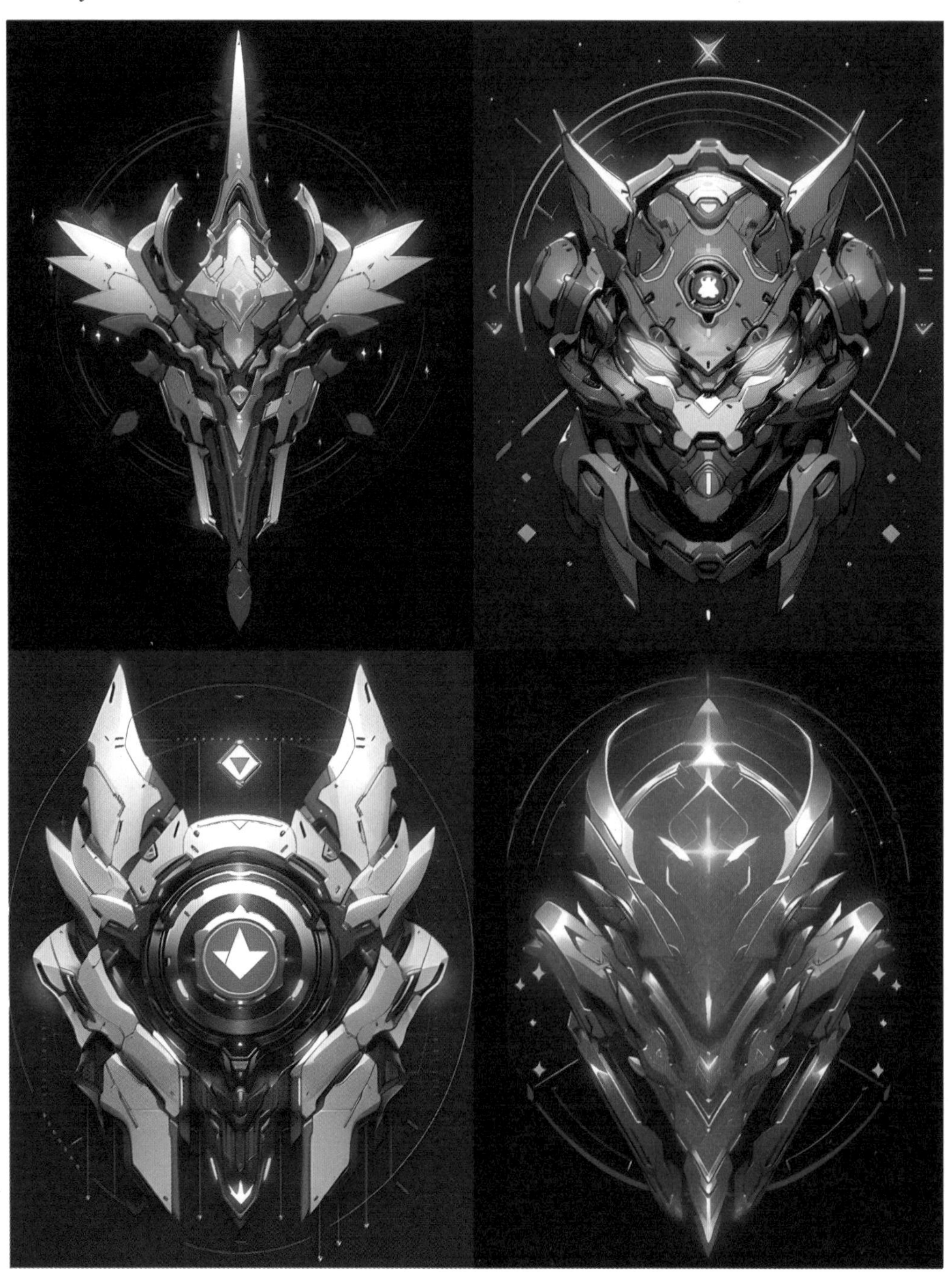

实战：制作扁平化徽章

扁平化徽章更适合在成就池中点亮。将下面这组提示词用在V 5.2版本中效果不错，会叠加一些轻微的质感。

提示词如下。

Pigeon crest logo, in the style of art nouveau-inspired illustrations, ballet academia, dark blue and green, nostalgic charm, meticulous military scenes, bunnycore, pseudo-realistic --niji 5

翻译如下。

鸽子的徽章标志，以新艺术风格为灵感的插图，芭蕾舞学院派，深蓝色和绿色，怀旧的魅力，细致的军事场景，兔子核心，伪现实主义 --niji 5

实战：制作魔法风格徽章

提示词如下。

Insignias for celestial magic dragons with glowing violet flames and glowing white --ar 4 ：3

翻译如下。

具有紫罗兰色火焰光并发白光的天魔龙徽章 --ar 4 ：3

实战：制作奖牌图标

在实际工作中，二次元图标的设计比较常见，如niji默认模式下设计的奖牌图标等。

提示词如下。

Medal icon, mainly white gold, with sparkling blue purple gemstones adorned, with gold decoration, metallic texture, super details, 8k

翻译如下。

奖牌图标，主要是白金，带有闪闪发光的蓝紫色宝石，有金色装饰，金属质感，超级细节，8k

6.4.2 制作三维图标

三维图标一般是由视觉设计师独立制作的。对于新手设计师而言，不会使用三维设计软件是最大的痛点。下面介绍使用Midjourney制作这类图标的方法。

实战：制作运营类三维图标

目前，三维图标被广泛应用于运营或者直播类业务。从AI诞生以来，设计师就从来没有停止过对于图标设计的探索。

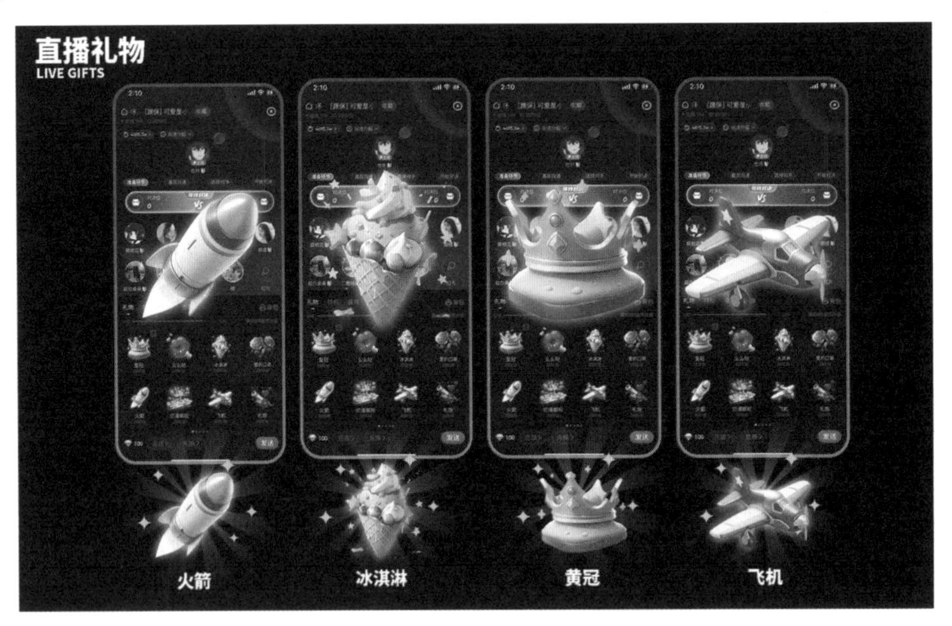

提示词如下。

crown 3d icon, cartoon, clay material, smooth and shiny, Nintendo, isometric,Purple and yellow, spot light, white background,Best Detail,HD, 3D rendering, high resolution --s 250 --niji 5

翻译如下。

皇冠三维图标，卡通，黏土材质，光滑有光泽，任天堂，等距，紫色和黄色，聚光灯，白色背景，最佳细节，高清，三维渲染，高分辨率 --s 250 --niji 5

实战：制作游戏奖励图标

提示词如下。

chest, 3D, cartoon, clay material, isometric, 3D rendering, cute, pastel colors, blue and silver, spot light, white background, best detail, HD, high resolution, Nintendo trend --niji 5

翻译如下。

箱子，三维图标，卡通，黏土材料，等距，三维渲染，可爱，柔和的颜色，蓝色和银色，聚光灯，白色背景，最佳细节，高清，高分辨率，任天堂趋势 --niji 5

实战：制作B端网页图标

B端网页图标一般会用在一些企业官网中。这种图标的设计一般比较复杂，需要分成3个部分（图标+底座+背景）制作。

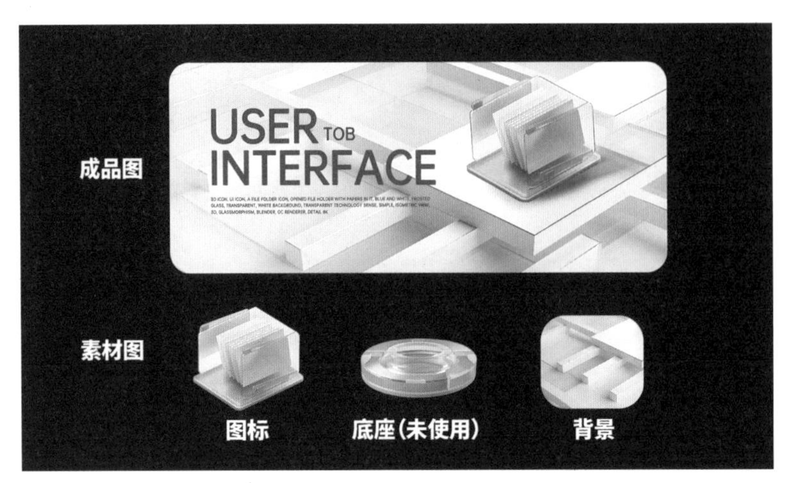

图标提示词如下。

3D icon, UI icon, a file folder icon, opened file holder with papers in it, blue and white, frosted glass, transparent, white background, transparent technology sense, simple, isometric view, 3D, glassmorphism, blender, OC renderer, detail, 8k --v 5.2

翻译如下。

三维图标，UI 图标，文件夹图标，打开的文件夹，里面有纸，蓝色和白色，磨砂玻璃，透明，白色背景，透明的科技感，简单，等轴测视图，三维，玻璃磨砂材质，blender，OC 渲染器，细节，8k --v 5.2

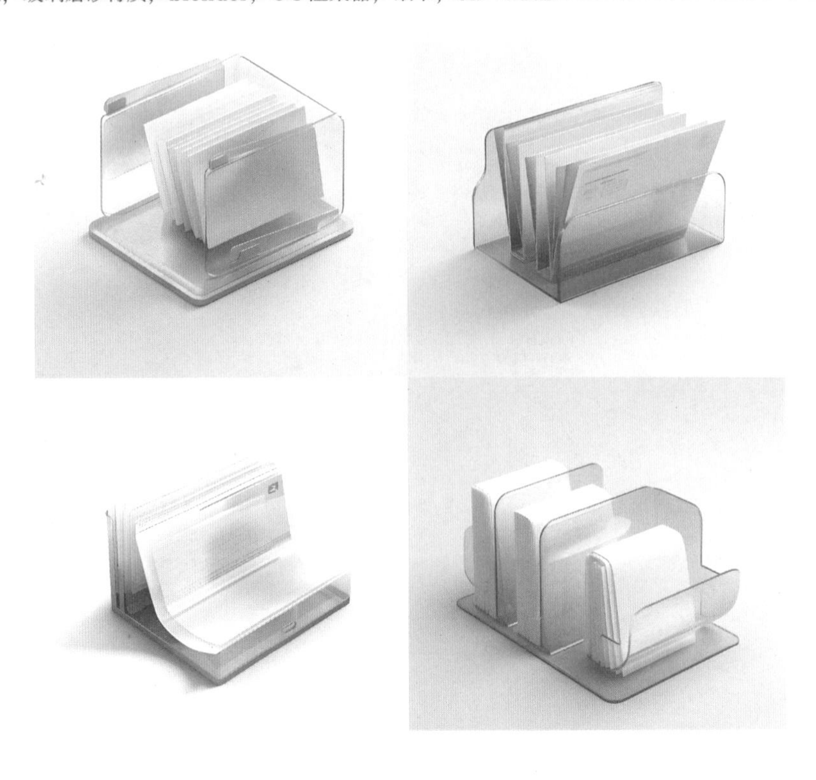

底座提示词（有叠图）如下。

叠图链接 +circular base, isometric icon, blue frosted glass, white acrylic material, whitebackground, transparent technology sense, in the style of data visualization, studio lighting, C4D, blender, OC renderer, high details, 8k --v 5.2

翻译如下。

叠图链接 + 圆形底座，等距图标，蓝色磨砂玻璃，白色亚克力材料，白色背景，透明科技感，数据可视化风格，工作室照明，C4D，blender，OC 渲染器，最佳细节，8k --v 5.2

背景提示词（有叠图）如下。

叠图链接 +isometric flooring, art of planar geometry, frosted glass, white acrylic material, white background, transparent technology sense, in the style of data visualization, studio lighting, C4D, blender, OC renderer, high details, 8k --ar 16：9

翻译如下。

叠图链接 + 等距地板，平面几何艺术，磨砂玻璃，白色亚克力材料，白色背景，透明科技感，数据可视化风格，工作室照明，C4D，blender，OC 渲染器，最佳细节，8k --ar 16：9

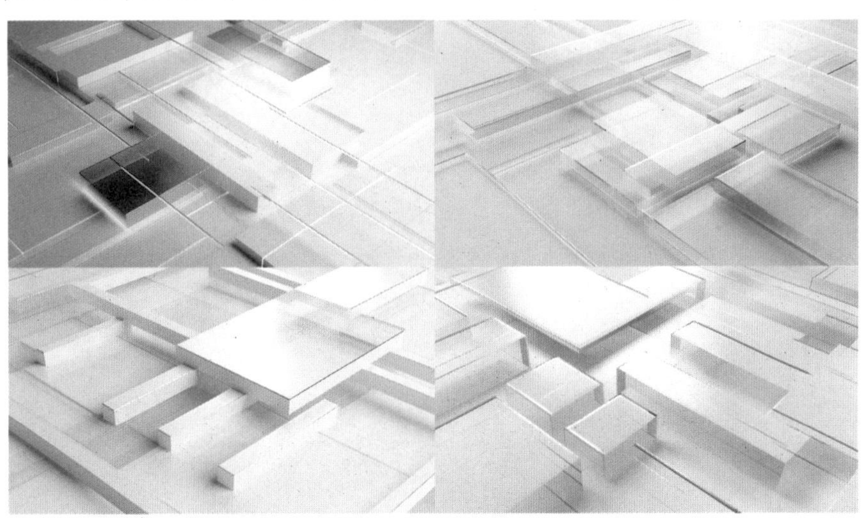

6.4.3 制作头像框和活动KV

UI中的头像框是为了提升UI的美观度和个性程度而设计的，可以用来装饰和呈现用户头像。头像框可以采用各种形状、颜色和设计风格。

实战：制作头像框

提示词（有叠图）如下。

叠图链接+Game avatar frame with round metal frame and multiple metal like wings,golden, shiny, diamond ornament, bright, ornament,Digitally illustrated, impasto original,black background,4k, super detailed --ar 1 ： 1 --niji 5

翻译如下。

叠图链接 + 带圆形金属框架和多个类似金属翅膀的游戏框架，金色，闪亮，钻石装饰，明亮，装饰，数字插图，厚涂原创，黑色背景，4k，超级详细 --ar 1 ： 1 --niji 5

技巧提示

在使用制作头像框的提示词时，起决定作用的往往是所使用的叠图。在选择叠图时，应该尽量选择较为简单且美观的图片。

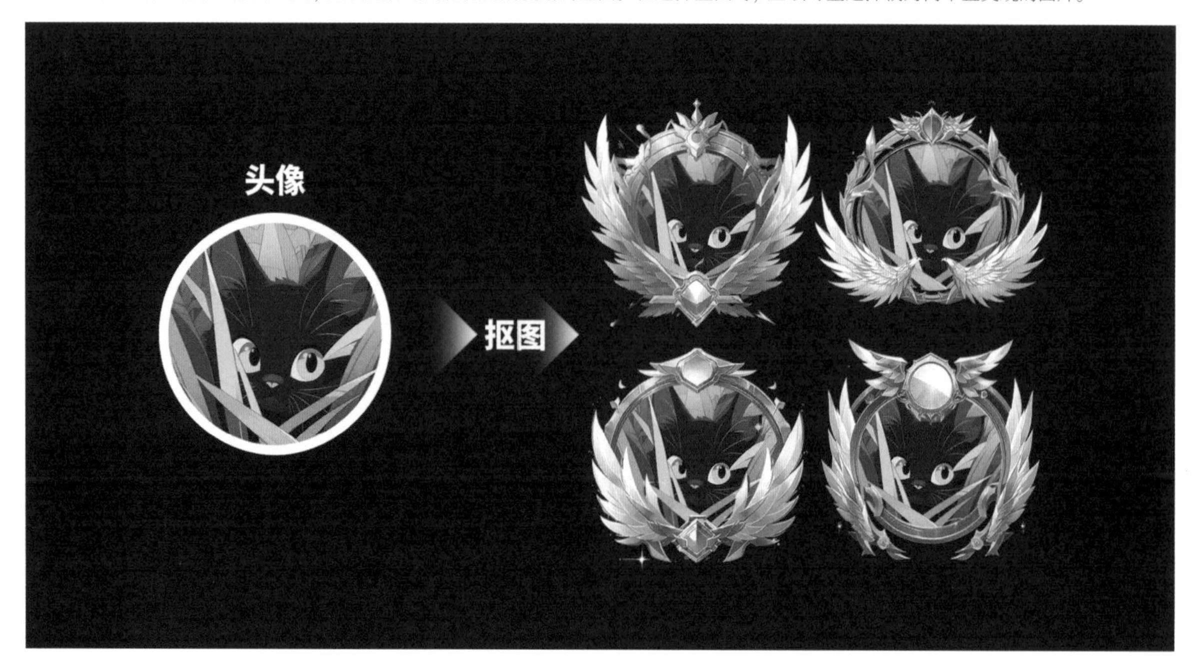

实战：制作活动KV

活动KV（Key Vision，主视觉）海报设计有多种方式。下面梳理一下扭蛋机活动KV设计流程。

01 使用“叠图链接+提示词”生成初始图片。

叠图链接 +Bubble Matt Gashabon machine, gradient translucent glass melt, laser effect, caustics, designed by Dieter Rams, metal texture, luminescent material, mainly Blue Pink, with two buttons on the front, Gashabon device as the center, transparent glass, minimalism, high detail, luminescence, white background, industrial design, studio lighting, C4D, OC renderer, clean shadows, 8k --niji 5 --style expressive --s 750

翻译如下。

叠图链接 + 亚光泡泡扭蛋机，渐变半透明玻璃熔体，激光效果，焦散，由迪特·拉姆斯设计，金属纹理，发光材料，主要为蓝粉色，正面有两个按钮，以扭蛋机为中心，透明玻璃，极简主义，最佳细节，发光，白色背景，工业设计，工作室照明，C4D，OC 渲染器，干净的阴影，8k --niji 5 -- 富有表现力的风格 --s 750

02 抠出扭蛋机主体，将其放入活动KV中，用Photoshop修掉多余的文字并添加需要的文字。

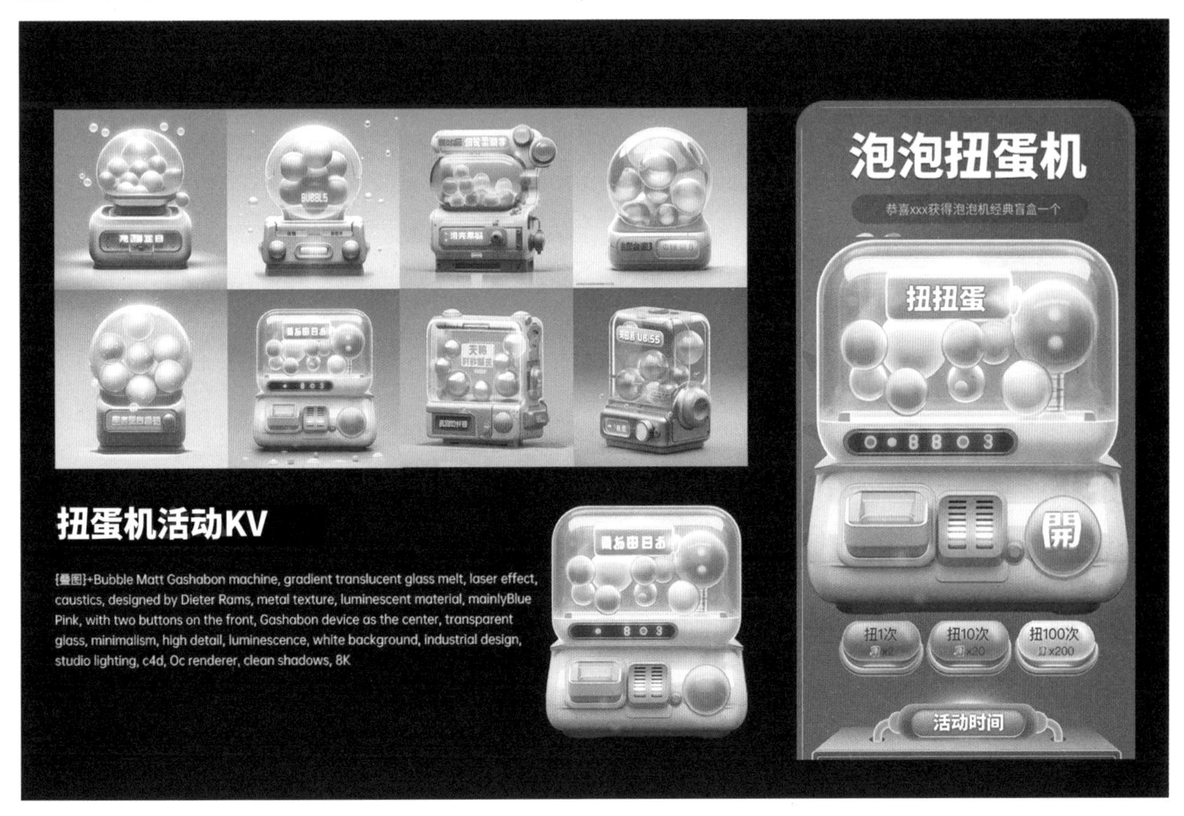

6.5 IP设计领域应用实战

IP设计是指以知识产权为核心，创造和开发独特的、有价值的产品、品牌或形象的过程。IP设计强调通过独特的创意和独特的知识产权保护策略，为产品、品牌或形象打造独有的竞争优势和商业价值。

目前，Midjourney能进行的IP设计大多都跟外观有关，如Logo、角色等。下面介绍一下IP设计中比较容易的两种——Logo设计和角色设计。

6.5.1 Logo设计

在设计工作中，Logo设计往往是比较耗费精力的。面对低单价的Logo设计需求，很多设计师会尽量避开。下面讲解一些有关使用Midjourney生成Logo的内容，以便设计师制作一些低单价的Logo。

实战：制作奶茶品牌Logo

提示词如下。

flat illustration, Blue bold line icon, minimalism logo style, boy, in blue cap, blue headband isolated on white, in the style of line drawing style, animated GIFs, sōsaku hanga, shiny/glossy, scoutcore, cartoonish character design, bold gestures --style expressive

翻译如下。

扁平插画，蓝色粗线条图标，极简主义标志风格，男孩，戴蓝色帽子，带白色条纹的蓝色发带，线条绘画风格，GIF 动画，创意版画，闪亮/有光泽，侦查核心，卡通人物设计，大胆的手势 -- 富有表现力的风格

实战：制作摇滚类Logo

提示词如下。

tatoo style metalcore, band logo, black and white lines, Embrace the Chaos, 4k --v 5

翻译如下。

文身风格的金属核心，乐队标志，黑白线条，拥抱混乱，4k --v 5

实战：制作动物类Logo

提示词如下。

chicken logo, in the style of punk rock aesthetic, Windows XP, Bloomsbury group, #screen shot Saturday, inverted black and white, rtx on --ar 34 ： 37 --s 250

翻译如下。

鸡的标志，朋克摇滚美学风格，Windows XP，布鲁姆斯伯里团体，# 星期六的屏幕截图，黑白颠倒，rtx on --ar 34 ： 37 --s 250

实战：制作版画Logo

提示词如下。

A farmer uncle holding flowers and fruits,retro logo, American Style,Printmaking effect, monochrome overall view --v 5.0 --s 250

翻译如下。

一个农民伯伯拿着鲜花和水果，复古标志，美式风格，版画效果，单色全景 --v 5.0 --s 250

实战：制作极简平面Logo

提示词如下。

A bull head logo, the smallest flat vector logo, by Saul Bass, with no realistic photo details

翻译如下。

一个牛头标志，最小的平面矢量标志，由索尔·巴斯设计，没有逼真的照片细节

实战：制作极简线条Logo

提示词如下。

logo design, by Keith Haring and Stuart Davis, minimalism, art, super cute cartoon cat, transparent medium, big eyes, simplified method, Personification, Positive and negative

翻译如下。

标志设计，由凯斯·哈林和斯图尔特·戴维斯设计，极简主义，艺术，超可爱的卡通猫，透明介质，大眼睛，简化方法，拟人化，正负形

6.5.2 吉祥物角色设计

Midjourney中目前比较常见的吉祥物角色设计有两种：一种是拟人风格的角色，另一种是“盲盒”类角色。

实战：制作拟人风格的角色

拟人风格的角色比较适合使用一些有拟人效果的小动物来制作。

提示词如下。

A cute white bear wearing shorts elated, standing naturally and full-faced, Bubble Mart style, clean and simple design, IP image, high-grade natural color matching, bright and harmonious, cute and colorful, detailed character design, Shanghai style, Organic sculpture, C4D style, 3D animation style character design, cartoon realism, fun character setting, ray tracing, children's book illustration style --niji 5 --style expressive

翻译如下。

可爱的白熊穿着短裤且神采飞扬，自然站立并表情饱满，泡泡玛特风格，干净简约的设计，IP 形象，高档自然的配色，明亮和谐，可爱多彩，细致的人物设计，海派风格，有机雕塑，C4D 风格，三维动画风格人物设计，卡通写实，趣味人物设定，光线追踪，童书插画风格 --niji 5 --富有表现力的风格

实战：制作盲盒类角色

提示词如下。

mechanical cyborg, Q-version boy, resin mockup, complex details, looking at viewer, bored pose, full body, black background,super trendy, with yellow hair, bored face, robotic arms, holding black mecha guns, wearing black bullet proof jacket, and black orange functional shoes, neon light lines on jacket shorts and shoes, fine luster, clay material, pop mart style, cyberpunk, IP by pop mart, mockup blind box, studio light, front view, 3D rendering, C4D, OC renderer, blender, hyper quality, ultra hd, ultra high detail, 8k --niji 5 --style expressive

翻译如下。

机械机器人，Q 版男孩，树脂模型，复杂的细节，看着观众，无聊的姿势，全身，黑色背景，超级时尚，黄色头发，无聊的脸，机械臂，拿着黑色机甲枪，穿着黑色防弹夹克和黑色、橙色搭配的功能鞋，夹克短裤，鞋子上有霓虹灯线，精细光泽，黏土材料，泡泡玛特风格，赛博朋克，泡泡玛特的 IP，样机盲盒，工作室照明，前视图，3D 渲染，C4D，OC 渲染器，blender，超高品质，超高清，最佳细节，8k --niji 5 --富有表现力的风格

6.6 包装与样机设计领域应用实战

包装设计是指通过形状、材质和图案等元素设计产品包装，使产品在市场上突出并引起目标客户的注意。包装设计不仅关注产品的外观，还会考虑包装的功能性、实用性和品牌传达等要素。

使用样机有助于品牌与客户进行交互，收集客户的反馈和建议。观察客户使用样机，品牌可以获取有关产品的实际使用情况和客户需求等宝贵信息，从而改进产品设计。包装与样机在商业应用领域其实是共生关系。

6.6.1 包装设计

在包装设计中，产品的形状和材质通常是被优先考虑的内容，使用AI提示词进行头脑风暴是一个不错的选择，这也更有利于设计师判断市场趋势。

实战：制作酒类包装

提示词如下。

Wine packaging design, fashionable wine, artstation mainstream, bottle, high-end, gold and silver texture, photography, 4k

翻译如下。

葡萄酒包装设计，时尚葡萄酒，艺术主流，瓶子，高端，金银质感，摄影，4k

实战：制作包装插画

除了造型，还有一个能影响产品外观的元素，那就是包装插画。

提示词如下。

Characters in Chinese mythology, black and white lineart, woodcut pattern, simple and powerful line composition --ar 3 ： 4 --s 100

翻译如下。

中国神话中的人物，黑白线条，木刻图案，简洁有力的线条构图 --ar 3 ： 4 --s 100

6.6.2 样机设计

用AI生成的样机是可以直接拿来使用的。下面介绍几种常见的样机设计类型。

实战：设计马克杯样机

提示词如下。

A white cup, closed up product shot, with a red background

翻译如下。

一只白色杯子，封闭式产品拍摄，带有红色背景

实战：设计手提袋样机

提示词如下。

Mockup empty, a person's hand holding a white blank tote bag, in front of a yellow wall

翻译如下。

空模型，一个人手里拿着一只白色的空手提袋，在黄色的墙前

实战：设计户外广告牌样机

提示词如下。

Mockup empty, a blank white billboard in the middle of the highway with cars passing below

翻译如下。

空模型，高速公路中间的一块空白的白色广告牌并且下面有汽车经过

实战：设计相框样机

提示词如下。

Mockup empty, photo frame, on a wooden table, with plants beside, minimal and clean style --no text

翻译如下。

空模型，相框，放在木桌上，旁边有植物，简约干净风格 -- 没有文字

6.7 工业设计领域应用实战

工业设计是指以改善产品或服务的功能、外观和用户体验为目标，运用设计思维和创意方法创建和开发产品的过程。Midjourney能参与的工业设计主要是外观设计。在传统的工业设计中，外观设计一般都是使用建模软件渲染制作完成的，这一过程不仅烦琐，还需要经过大量的颜色调整、材质调整、背景调整等，这往往会导致方案实现延期。

而AI在这一过程中可以推进设计流程，增强创意性，提升设计质量。例如，在绘制草图阶段，AI可以基于设计师的简单指示或概念，快速生成草图。这有助于设计师迅速探索不同的设计方向，为设计师提供更多创作灵感。

实战：工业草图绘制

草图绘制是工业设计中的一大难关，很多设计师都会被卡在结构草图或者是创意草图的绘制上，现在我们可以用AI来解决草图绘制的问题。

提示词如下。

Industrial product sketches, visionary smart rice cooker, futuristic industrial design, kitchen, continuous line sketch, line art style， ergonomic, environment, view, studio, 8k, hd --style raw --v 5.1

翻译如下。

工业产品草图，富有远见的智能电饭锅，未来主义工业设计，厨房，连续线条草图，线条艺术风格，人体工程学，环境，视图，工作室，8k，高清 -- 使用 raw 模式 --v 5.1

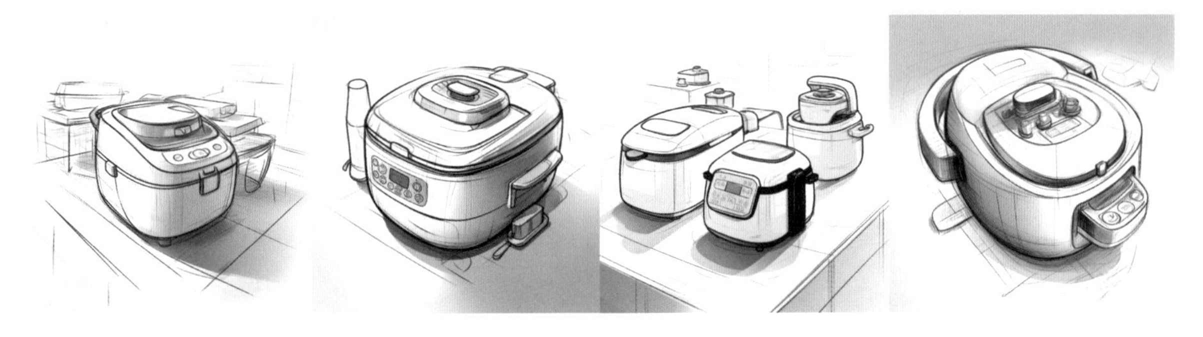

实战：绘制马克笔创意排版页面

提示词如下。

a large poster showing instructions for toilet, product design, product design sketches, no messy lines, high detail hd --ar 3 ： 4 --v 5.1 --style raw --s 750

翻译如下。

一张大海报展示了马桶的说明，产品设计，产品设计草图，没有杂乱的线条，最佳细节的高清 --ar 3 ： 4 --v 5.1 -- 使用 raw 模式 --s 750

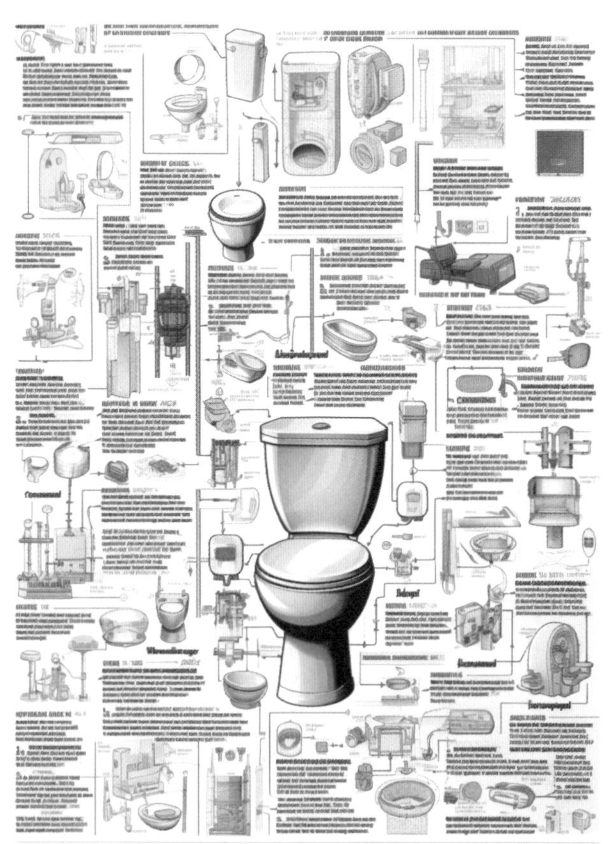
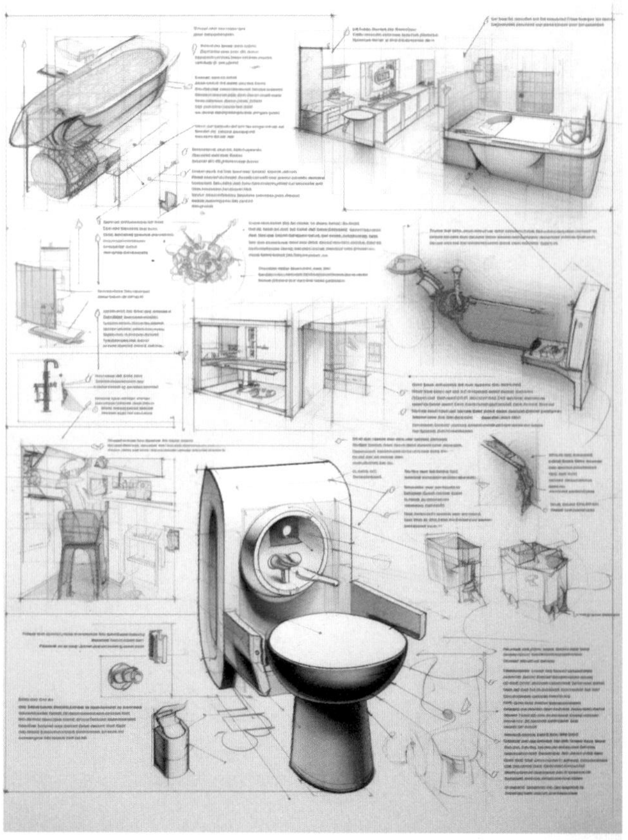
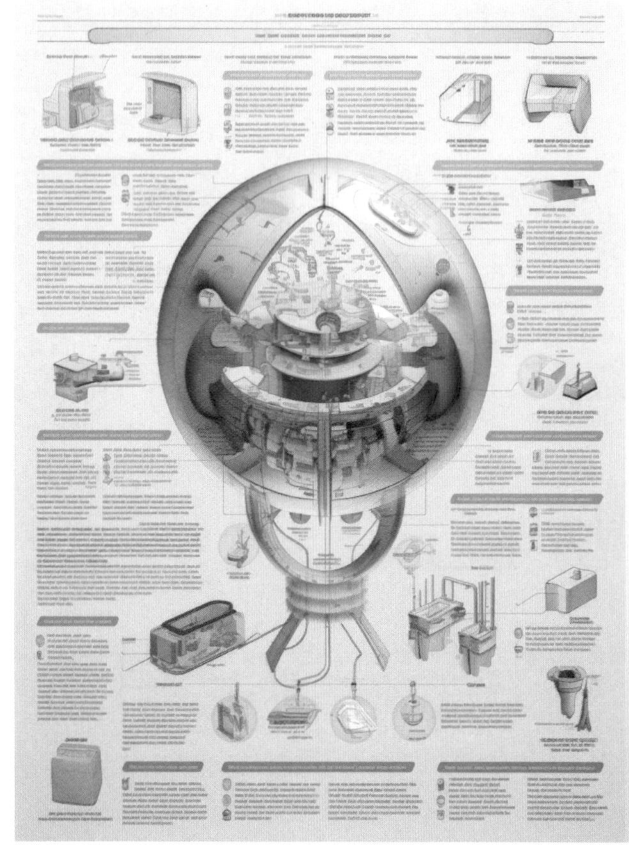
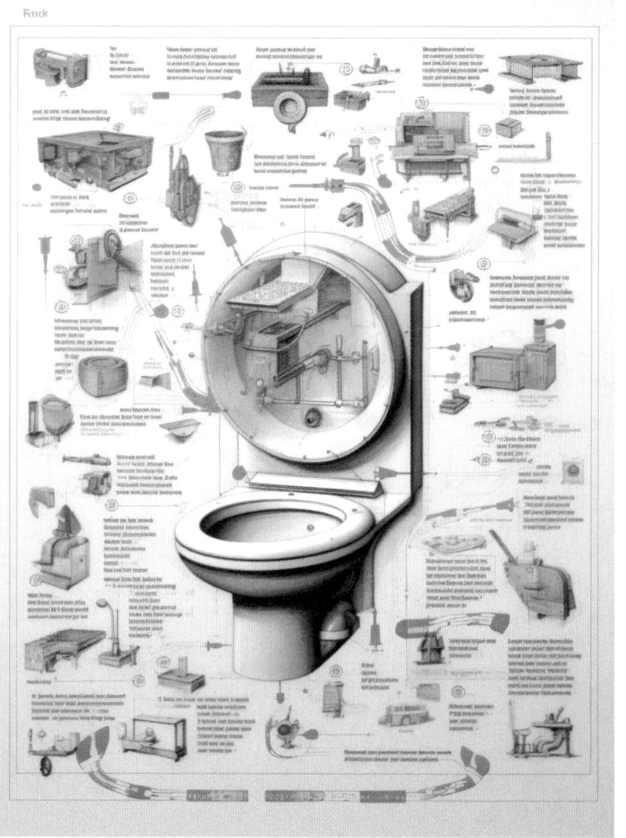

实战：制作产品渲染图

使用Midjourney，我们不需要学习更多的软件知识，直接使用提示词就能获取细节丰富的产品渲染图。

提示词如下。

A smart thin mini radio, inspired by Motocompo, NASA, fancy-yellow color, transparent, designed by Dieter Rams, Bauhaus, fine luster, realistic material, high detailed, 8k, industrial design, product design, white background, studio lighting --s 750 --v 5.2

翻译如下。

一款智能薄型迷你收音机，灵感来自 Motocompo，美国国家航空航天局，艳丽的黄色，透明，由迪特尔· 拉姆斯设计，包豪斯，精细光泽，逼真的材料，最佳细节，8k，工业设计，产品设计，白色背景，工作室照明 --s 750 --v 5.2

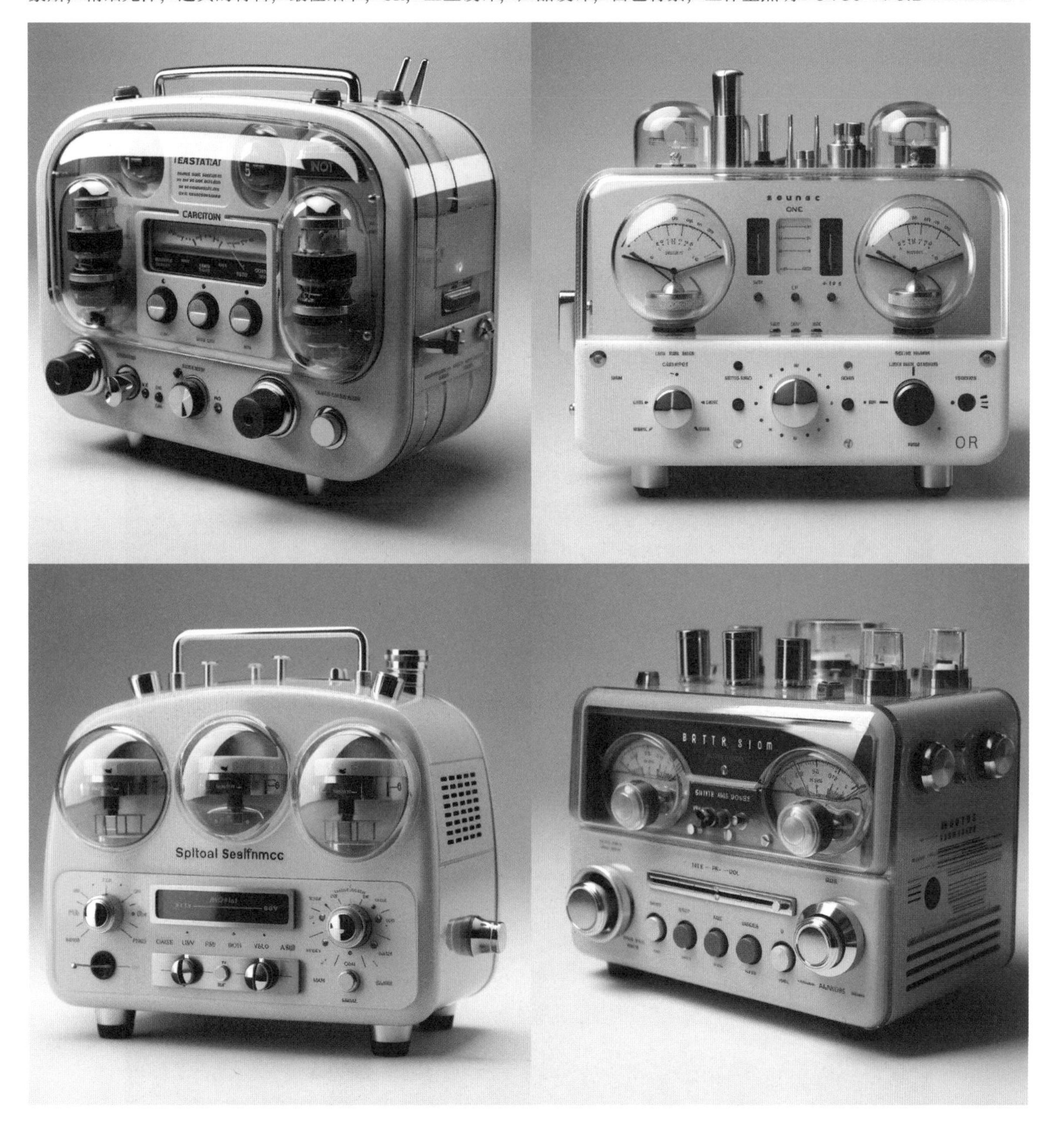

6.8 创意空间设计领域应用实战

空间设计是指对特定的空间进行规划设计，包括室内空间、室外空间或整个建筑设计。市面上常见的空间设计需求有3种：第1种是快闪店或门店的设计需求，如商场门店设计、服装快闪店设计等；第2种是展览展陈类设计，包括展厅、发布会、舞台等的设计；第3种是室内设计，主要用于提供软装参考。

实战：设计科技类展位

提示词如下。

an electronic trade show booth with white walls and blue lighting, in the style of Gerhard Gluck, goosepunk, global influences, subtle ink application, detailed world-building, soft tonal range, logo --s 750

翻译如下。

有白色墙壁和蓝色灯光的电子贸易展展位，格哈德·格鲁克的风格，goosepunk，全球影响，微妙的墨水应用，详细的世界构建，柔和的色调范围，标志 --s 750

实战：设计概念展位

提示词如下。

future concept booth, against a pure white background, a large space combination of blue and purple, the booth includes reception desk, document camera, storage room, negotiation room, beautiful line structure --s 750

翻译如下。

未来概念展位，纯白色背景，蓝紫色大空间组合，展位包括接待台、实物投影机、储物空间、洽谈空间，优美的线条结构 --s 750

实战：设计科技类展厅

提示词如下。

the interior of a curved, blue and white museum, in the style of dark black and sky-blue, collecting and modes of display, precisionist, interactive experiences, eco-friendly craftsmanship, contemporary candy-coated, pop-culture-infused --ar 9 ：5 --s 200

翻译如下。

内部为弧形，蓝白色的博物馆，深黑与天蓝风格，收藏与展示方式，精准，互动体验，环保工艺，当代风格美化，流行文化注入 --ar 9 ：5 --s 200

实战：设计车展展厅

提示词如下。

A red Mercedes AMG art space, embodying speed and passion, pure red space, red and black display area, only 3 AMG cars, impactful art space, immersive space experience, surprisingly creative, authentic, well-lit, black background --ar 16 ：9 --s 750 --v 5.1 --style raw

翻译如下。

一个红色的梅赛德斯 AMG 艺术空间，体现速度和激情，纯红色空间，红黑搭配的展示区，只有 3 辆 AMG 汽车，有影响力的艺术空间，身临其境的空间体验，令人惊讶的创意，真实，光线充足，黑色背景 --ar 16 ：9 --s 750 --v 5.1 --使用 raw 模式

实战：绘制室内设计效果图

提示词如下。

cozy afternoon retreat, a living room and balcony separated by orange and cream curtains with a Nordic light luxury, couch and a coffee, potted plants, environment, large windows, pale wood floors and neutral walls

翻译如下。

舒适的午后寓所，客厅和阳台被橙色和奶油色的窗帘隔开并且窗帘为北欧轻奢风格，沙发和咖啡，盆栽，环境，大窗户，浅色木地板和色调柔和的墙壁

6.9 服装设计领域应用实战

服装设计其实是工业设计的一个分支，它包括从概念设计到草图绘制、材料选择、样板制作、裁剪、缝制，以及最终成衣的全部过程。服装设计师通常结合时尚趋势、个人风格和穿着需求，完成独特的设计，以满足不同群体的需求。

实战：绘制服饰定制模板

如果想成为一个时尚达人，就需要熟悉服饰搭配，以免面对琳琅满目的服饰时感到纠结或者手足无措。Midjourney中有“knolling”这个提示词，它可以翻译为“拆解”。使用这个提示词生成的图片会展示物品的部件，如展示一套衣服的各个部分。

提示词如下。

a complete set of summer attire,knolling, knolling with all it clothes on yellow background, hd --s 750 --style raw

翻译如下。

一套完整的夏装，拆解，拆解的部件在黄色背景上，高清 --s 750 -- 采用 raw 模式

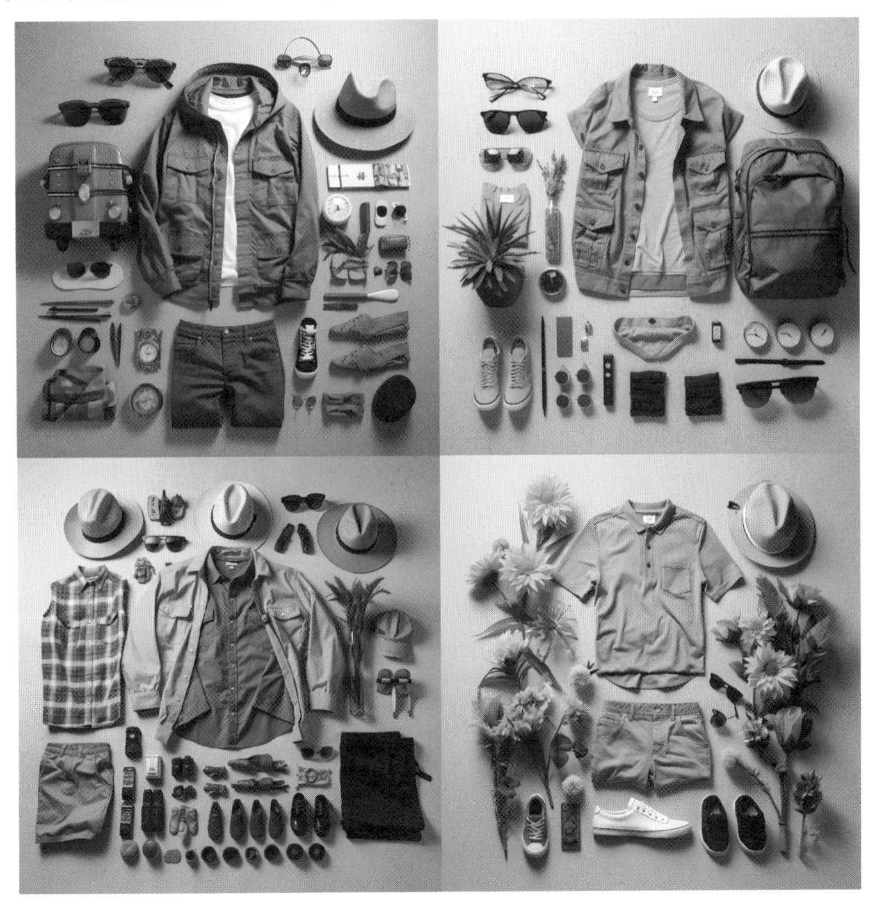

实战：绘制服装设计草图

服装设计草图是指服装设计师在设计过程中所绘制的初步手绘图或素描。它通常是设计师用来表达和记录自己的创意构思的一种手段。在Midjourney中使用以下这段固定描述词不仅能获取AI绘制的服装设计草图，还能获取有关服装设计的排版灵感。

fashion prodct design sheet+ 服装设计师的名字（含服装描述）+multi-angle display, labeled diagram, colorized pencil sketch --ar 16：9 --s 750 --v 5.1

提示词如下。

fashion product design sheet, a black and white oversized track jacket, in the style of Balenciaga, Demna Gvasalia, drop-shoulder and extra fat sleeve, symmetrical stitching structure, the fabric is wash out with enzyme stone, multi-angle display, labeled diagram, colorized pencil sketch --ar 3 ： 2 --s 750 --v 5.1

翻译如下。

时尚产品设计单，黑白搭配的超大运动夹克，巴黎世家风格，德姆纳·格瓦萨利亚，垂肩和超宽袖，对称缝合结构，面料用酶石洗涤，多角度展示，标签图，彩色铅笔素描 --ar 3 ： 2 --s 750 --v 5.1

技术专题：服装设计专用提示词“fashion product design sheet”

“fashion product design sheet”有很多妙用，如可用于绘制一些时装模特的效果图。

提示词如下。

fashion product design sheet, different jacket drawings, translucent layers, black and gray, industrial, Gvasalia, colorized pencil sketch --ar 5：4 --s 250

翻译如下。

时尚产品设计单，不同的夹克图纸，半透明层，黑色和灰色，工业，格瓦萨利亚，彩色铅笔素描 --ar 5：4 --s 250

实战：绘制实体服装效果图

可以对一些单独的服装品类（鞋、包、首饰、袜子等）进行设计。例如，设计一款羽绒服可采用如下提示词。

提示词如下。

a padded winter down jacket that is green, in the style of realistic and hyper-detailed renderings, nostalgic realism, rendered in C4D, gray and aquamarine, LEICA R3, unique character design, Nikon AF600 --s 750 --ar 1：1 --v 5.2

翻译如下。

一件绿色的冬季羽绒服，具有逼真和超细节渲染的风格，怀旧的现实主义，用 C4D 渲染，灰色和海蓝色，徕卡 R3，独特的人物设计，尼康 AF600 --s 750 --ar 1：1 --v 5.2

实战：绘制珠宝配饰效果图

提示词如下。

a pair of light gold earrings with pearl, on white background, 3D printing structure, minimalism, bold, Instagram, futuristic --s 750

翻译如下。

一对浅金色珍珠耳环，白色背景，三维打印结构，极简主义，大胆，Instagram 风格，未来主义 --s 750

实战：绘制纺织纹样设计图

第3章介绍了“--tile”这个参数，它主要用于制作无缝图案，也是绘制纺织纹样设计图时常用的一个参数。在使用该参数时，建议使用叠图的方式快速获取纹样。

01 寻找好看的纹样，并截取纹样的部分保存为图片，使用“/describe”命令快速获取提示词内容。

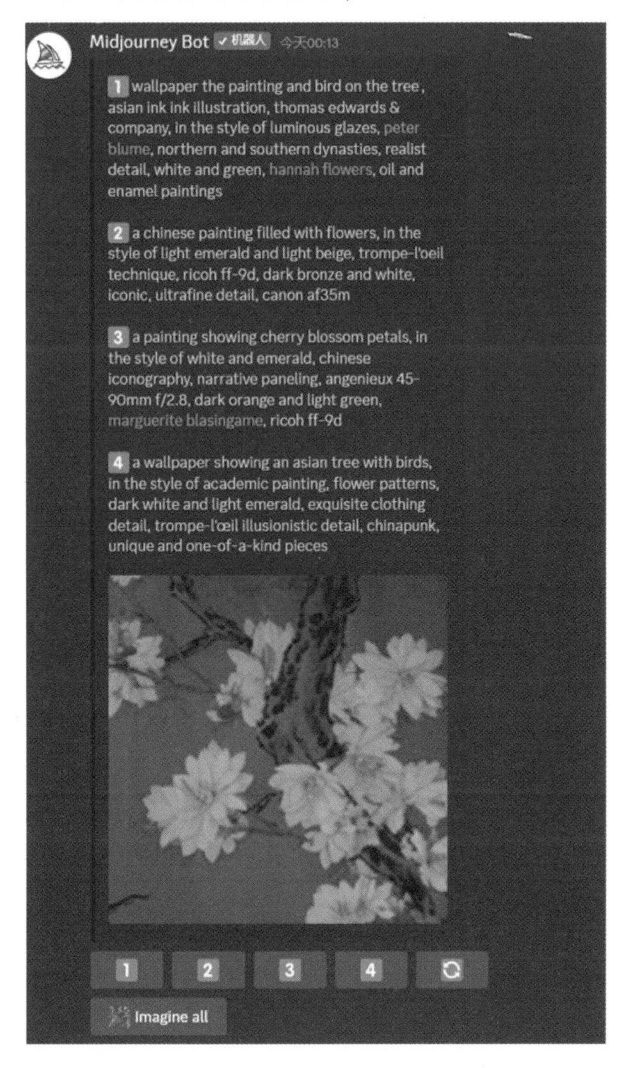

02 使用任意一组生成的提示词，并在提示词前添加叠图链接，在结尾处添加“--tile”，这样就可以快速获取类似的无缝图案了。

提示词如下。

叠图链接 +a Chinese painting filled with flowers, in the style of light emerald and light beige, trompe-l'oeil technique, Ricoh FF-9D, dark bronze and white, iconic, ultrafine detail, Canon AF 35M --tile --s 100

翻译如下。

叠图链接 + 一幅充满花朵的中国画，浅翡翠和浅米色风格，错视手法，理光FF-9D，深青铜色和白色，标志性的，超细细节，佳能AF 35M -- 无缝图案 --s 100

03 可以使用本章“技术专题：如何用Midjourney给模特换衣服”中的方法进行实践。